ABITUR-WISSEN
CHEMIE

Kiefer • Schmider

Stoffklassen organischer Verbindungen

STARK

Bildnachweis:
Umschlagbild und Kapitelbild S. 1: Peter Kornherr;
S. 2: Das Buch der großen Chemiker, zweiter Band, Wiley-VCH, Weinheim/Bergstraße;
S. 5: Deutsches Museum, München;
S. 18: www.aral.de, mit freundlicher Genehmigung der Aral AG Internet Services;
S. 21: The Ozone Processing Team at NASA's Goddard Space Flight Center;
S. 33: Klemens Erdmann, Artwork Total, Düsseldorf;
S. 44: Deutsches Museum, München;
S. 65: Würzburg, Elmar Hahn Verlag, Veitshöchheim bei Würzburg;
S. 97: Edith Gerlach, Frankfurt am Main;
S. 108: Das Buch der großen Chemiker, zweiter Band, Wiley-VCH, Weinheim/Bergstraße;
S. 123: Dr. Heiko Bellmann, Lonsee;
S. 128: Bildarchiv der Österreichischen Nationalbibliothek, Wien.

Der Verlag hat sich bemüht, die Urheber der in diesem Werk abgedruckten Abbildungen ausfindig zu machen. Wo dies nicht gelungen ist, bitten wir diese sich gegebenenfalls an den Verlag zu wenden.

ISBN 978-3-89449-430-8

www.stark-verlag.de
1. Auflage 2000

Das Werk und alle seine Bestandteile sind urheberrechtlich geschützt. Jede vollständige oder teilweise Vervielfältigung, Verbreitung und Veröffentlichung bedarf der ausdrücklichen Genehmigung des Verlages.

Inhalt

Fortsetzung siehe nächste Seite

Carbonsäuren

Autoren: Gerald Kiefer und Peter Schmider

Vorwort

Liebe Schülerin, lieber Schüler,

organische Verbindungen spielen eine tragenden Rolle in unserem Leben. Die Biomoleküle, die unseren Körper aufbauen, Nähr- und Ballaststoffe in unserer Nahrung, Treibstoffe für unsere Kraftfahrzeuge, Textilfasern und Farbstoffe wie das Indigoblau unserer Jeans, Kunststoffe wie Polystyrol und Nylon, Aromastoffe, Süßstoffe, Klebstoffe, Arznei-, Konservierungs- und Lösungsmittel, dies alles sind Vertreter verschiedenster Stoffklassen organischer Verbindungen.
Der vorliegende Band „Abitur-Wissen Chemie, Stoffklassen organischer Verbindungen" verdeutlicht den umfassenden Einfluss der Organischen Chemie auf alle Lebensbereiche. Außerdem macht er auf das bedeutende Maß an systematischer Ordnung aufmerksam, das hinter der nur scheinbar schwer erlern- und beherrschbaren Vielfalt steht.

Dieses Buch bietet

- einen systematisch aufbereiteten **Gang durch die Stoffklassen** der Organischen Chemie,
- Kenntnisse über **Bedeutung, Vorkommen, Synthese und Verwendung** organischer Verbindungen,
- eine Einführung in deren **wissenschaftliche Nomenklatur**,
- Einblicke in die Zusammenhänge zwischen der **Struktur der Moleküle** und ihrem **Reaktionsverhalten**,
- die **schrittweise** Entwicklung wichtigter **Reaktionsmechanismen,**
- Erklärungen **zentraler Fachbegriffe** der Chemie.

Damit ermöglicht dieser Band aus der Reihe „Abitur-Wissen" eine gezielte Vorbereitung auf den **Unterricht** und das **Abitur**. Er hilft mit **konkreten Beispielen**, **präzisen Definitionen** und **übersichtlichen Zusammenfassungen** außerdem bei der eigenständigen Erarbeitung grundlegender organisch-chemischer Kenntnisse.

Gerald Kiefer — Peter Schmider

Was sind organische Verbindungen?

Als **organische Verbindungen** wurden ursprünglich Stoffe bezeichnet, von denen man annahm, dass sie **ausschließlich** im Stoffwechsel **von Lebewesen** (Organismen) **aufgebaut** werden können. Hierzu zählen die Proteine (Eiweißstoffe), die Stärke, Fette und Öle, die diversen Zucker, organische Säuren wie die Milchsäure, Weinsäure, Citronensäure, Ameisensäure, der Alkohol oder auch der Harnstoff.[1] Da es den Chemikern früherer Zeiten nicht gelang, die genannten Verbindungen im Labor **„in vitro"**, d.h. im (Reagenz-)Glas, also „künstlich" darzustellen, nahm man an, dass für ihre Bildung eine besondere „vis vitalis" (d.h. Lebenskraft) erforderlich sei, die nur in Lebewesen (**„in vivo"**) wirke. Der schwedische Chemiker Torbern Olaf BERGMAN schlug daher 1777 vor, zwischen Organischer Chemie (Chemie der Lebewesen) und Unorganischer Chemie (Chemie der toten Materie) zu unterscheiden. Sein Landsmann Jöns Jakob BERZELIUS fasste 1806 die gängige Lehrmeinung sinngemäß wie folgt zusammen: Organische Verbindungen können ausschließlich in lebenden Organismen (Tiere, Pflanzen, Mensch) durch eine geheimnisvolle Lebenskraft gebildet werden.

Diese Vorstellung wurde 1826 von Friedrich WÖHLER (1800–1882) widerlegt, als es ihm gelang, durch Erhitzen des anorganischen Salzes Ammoniumcyanat eine Verbindung zu synthetisieren, die er als Harnstoff identifizieren konnte:

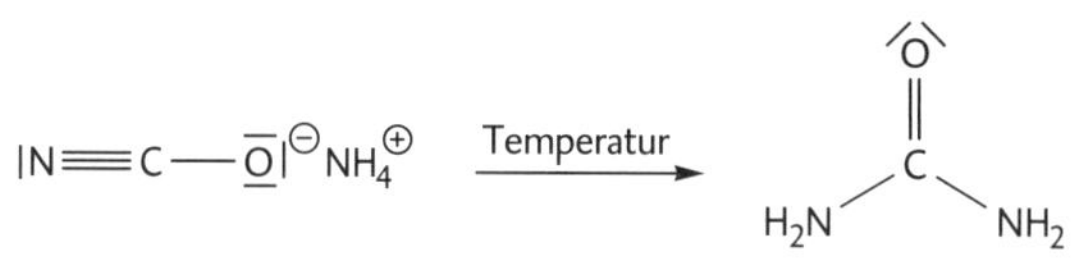

Ammoniumcyanat Harnstoff

Abb. 1: Friedrich WÖHLER.

Wöhler schrieb an seinen Freund und ehemaligen Lehrer BERZELIUS:

„Ich kann, so zu sagen, mein chemisches Wasser nicht halten und muß Ihnen sagen, daß ich Harnstoff machen kann, ohne dazu Nieren oder überhaupt ein Thier, sey es Mensch oder Hund, nöthig zu haben."

1 Werden heutzutage im Zuge der Müllsortierung „organische Abfälle" gesammelt, so sind Stoffe gemeint, die von Kleinstlebewesen (Mikroorganismen, also Bakterien und Pilzen) abgebaut werden können.

Über die Identifizierung der aus dem Ammoniumcyanat erhaltenen Substanz fährt er fort:
„*... und es bedurfte weiter Nichts als einer vergleichenden Untersuchung mit Pisse-Harnstoff, den ich in jeder Hinsicht selbst gemacht hatte und dem Cyan-Harnstoff.*“

Im Laufe der folgenden Jahre gelang es dann, viele weitere organische Substanzen synthetisch herzustellen. Dennoch dauerte es einige Jahrzehnte, bis die Vorstellung einer „vis vitalis“ aus dem Gedankengut der Chemiker verschwunden war.
Wenn aber **zwischen der Chemie der Lebewesen und der Chemie der unbelebten Natur kein prinzipieller Unterschied** besteht, mag es erstaunen, dass eine Unterteilung in Organische und Anorganische Chemie auch heute noch besteht. Die Klassifizierung hat sich aus praktischen Gründen als vorteilhaft erwiesen und es existiert auch ein wesentliches Unterscheidungskriterium für die beiden Fachgebiete.
Schon Antoine Laurent DE LAVOISIER (1743–1794) hatte bei seinen Untersuchungen über die Verbrennungsprodukte organischer Substanzen festgestellt, dass in allen organischen Stoffen das Element Kohlenstoff enthalten ist.
Die Verfügbarkeit von Kohlenstoff ist Grundvoraussetzung für die Existenz organischer Moleküle. Auf diese Erkenntnis aufbauend definierte August Friedrich KEKULÉ (1829–1896) im Jahre 1860 den Begriff „Organische Chemie“ folgendermaßen: **Organische Chemie ist die Chemie des Kohlenstoffs**.
Heute werden zahlreiche Stoffe aus Erdöl – also auf Kohlenstoffbasis – synthetisiert, die es in der belebten Natur nicht gibt, z. B. die „Kunststoffe“. Entsprechend der neuen Definition wird die **Kunststoffchemie** dem Bereich der Organischen Chemie zugeordnet, denn **Kohlenstoffchemie ist Organische Chemie**. Allerdings gehören Plastiktüten und Verpackungsmaterialien aus Kunststoff keineswegs in die Tonne für die organischen Abfälle, da sie bakteriell kaum abbaubar sind und daher nicht verrotten.
Heute sind mehr als **12 Millionen organische Verbindungen** bekannt, ihnen stehen ca. 100 000 Substanzen aus dem Bereich der Anorganischen Chemie gegenüber.
Die Anorganische Chemie beschäftigt sich mit den Verbindungen aller übrigen Elemente. Die Modifikationen[2] des Elements Kohlenstoff (Graphit, Diamant und die Fullerene), seine Oxide (Kohlenstoffdioxid und -monoxid), die Kohlen-

2 **Modifikation** ist die Bezeichnung für Zustandsformen von Elementen (oder Verbindungen), die sich in den chemischen Bausteinen nicht wesentlich, in den physikalischen Eigenschaften aber deutlich unterscheiden.

säure und ihre Salze (Carbonate) werden dem Bereich der anorganischen Verbindungen zugeordnet, da sie in ihren Eigenschaften mehr den typisch anorganischen Substanzen ähneln (Carbonate wie Calcit, Aragonit, Siderit sind Mineralien).
Vereinfachend – dafür knapp und griffig – lässt sich dennoch formulieren:

Organische Chemie ist die Chemie des Kohlenstoffs.
Die **Anorganische Chemie** beschäftigt sich mit den Verbindungen aller übrigen Elemente.

Wollen wir präziser formulieren, bietet sich folgende Definition an:

Organische Chemie ist die Chemie der Kohlenwasserstoffe und ihrer Derivate. **Kohlenwasserstoffe** sind Verbindungen, deren Moleküle nur aus Kohlenstoff- und Wasserstoffatomen aufgebaut sind. **Derivate** sind die von ihnen abgeleiteten Verbindungen („Abkömmlinge").

Als Merkmale organischer Substanzen sind zu nennen:

- Organische Stoffe sind vor allem aus sechs Elementen aufgebaut; diese sind neben dem Kohlenstoff (C) stets der Wasserstoff (H), sehr häufig der Sauerstoff (O), häufig der Stickstoff (N), weniger häufig der Schwefel (S) und der Phosphor (P) – also kurz gesagt die **Elemente C-H-N-O-P-S**. Selten sind Halogenatome (F, Cl, Br, I) in organischen Molekülen enthalten, noch seltener Metallatome (Fe^{2+} im Hämoglobin, Mg^{2+} im Chlorophyll).
- In trockenem Zustand sind organische Substanzen meist **brennbar**, bei unvollständiger Verbrennung kommt es zur Bildung von Ruß (C) (siehe S. 17).
- Organische Substanzen sind in der Regel **hitzeempfindlich**. Beim Erhitzen unter Luftabschluss erfolgt Verkohlung (C). Viele organische Substanzen zersetzen sich vor dem Schmelzen in der Hitze (**Thermolyse**).

Es bleibt die Frage zu klären, warum mehr als 12 Millionen Kohlenstoffverbindungen (Stand: 1994), aber „nur" ca. 100 000 Verbindungen aller übrigen Elemente existieren. Kohlenstoffatome können geradlinige und verzweigte Kettenmoleküle, aber auch Ringmoleküle bilden, es können (das ist der Fall bei den Aliphaten) dreidimensionale Anordnungen (entsprechend der Diamant-Modifikation), aber auch (das ist der Fall bei den Aromaten) flächige Anordnungen (entsprechend der Graphit-Modifikation) ausgebildet werden. Zudem können mit dem Baustein Kohlenstoff nahezu beliebig große Moleküle aufgebaut werden.

Abb. 2: Hermann STAUDINGER.

Hermann STAUDINGER (1881–1965) entwickelte 1920 erste Vorstellungen über den Bau solcher organischer **Makromoleküle** und wurde für seine Forschungsarbeiten 1953 mit dem Nobelpreis geehrt.

Wegen der nahezu unendlichen Anzahl von Möglichkeiten, Kohlenstoffatome zu unterschiedlichen Molekülstrukturen zu kombinieren, sind organische Substanzen mit ihrer Summenformel allein nicht ausreichend charakterisiert. Das Phänomen, dass Moleküle mit ganz unterschiedlichen Atomanordnungen die gleiche Summenformel besitzen können, bezeichnet man als **Isomerie**. So existieren 75 verschieschiedene Isomere (also auch 75 verschiedene Stoffe) mit der Summenformel $C_{10}H_{22}$, für die Summenformel $C_{20}H_{42}$ steigt die Anzahl der Isomere bereits auf 366 319 an.

Um bei dieser unüberschaubaren Vielfalt der organischen Substanzen einen Überblick zu gewinnen, ist es sinnvoll, die organischen Stoffe zu **Stoffklassen** zusammenzufassen. Die Zuordnung zu den verschiedenen Stoffklassen erfolgt dabei zum einen nach dem den Molekülen zugrundeliegenden Kohlenstoff-Grundgerüst (z. B. Alkan, Alken, Alkin, Aromat), zum anderen nach dem Vorkommen bestimmter **funktioneller Gruppen** in den Molekülen (z. B. Alkanol, Alkanal, Alkanon, Carbonsäure).

Diese charakteristischen Gruppen bestimmen weitgehend die physikalischen Eigenschaften (Schmelz- und Siedepunkt, Aggregatzustand, Löslichkeit) und das chemische Reaktionsverhalten der Substanzen. In gewissem Umfang sind daher bei Kenntnis des Molekülbaus Schlüsse auf die Eigenschaften der betreffenden Substanz möglich.

Alkane, Alkene, Alkine

Ethen, die einfachste ungesättigte Kohlenwasserstoffverbindung, besitzt neben ihrer Rolle als wichtige Ausgangssubstanz für die Synthese einer Vielzahl chemischer Enderzeugnisse auch biologische Bedeutung. Durch biochemische Abbauprozesse bei der Fruchtreife wird Ethen aus der Aminosäure Methionin gebildet und bewirkt als pflanzlicher Botenstoff (Phytohormon) die Reifung von Früchten. Durch gezielte Begasung mit Ethen lassen sich viele noch unreif geerntete und transportierte Früchte an ihren Bestimmungsorten zu vollständiger Reife bringen.

1 Alkane

1.1 Homologe Reihe und Nomenklatur

Alkane stellen geradkettige oder verzweigte Kohlenwasserstoffe der **allgemeinen Summenformel C_nH_{2n+2}** dar. Eine alte Bezeichnung lautet Paraffine (lat. *parum*: zu wenig, *affinis*: verwandt), die auf die relativ geringe Reaktionsfreudigkeit dieser Stoffklasse anspielt. Da die einzelnen Mitglieder der Alkanfamilie nacheinander durch Einfügen einer CH_2-Gruppierung (Methylengruppe) auseinander hervorgehen, spricht man von einer **homologen** Reihe:

Name	Herkunft des Namens	Strukturformel	Vorkommen	Verwendung
Methan	gr. *methe*: Trunkenheit (Methanol)	CH_4	im Sumpf-, Gruben-, Bio- und Erdgas	als Heiz- oder Stadtgas
Ethan	gr. *aither*: Himmel (Ether)	$CH_3{-}CH_3$	im Erdgas	zur Gewinnung von Ethen
Propan	gr. *protos*: der Erste, gr. *pion*: fett	$CH_3{-}CH_2{-}CH_3$	im Erdgas	als Flüssiggas zu Brennzwecken
Butan	gr. *butyron*: Butter, gr. *bous*: Kuh	$CH_3{-}(CH_2)_2{-}CH_3$	im Erdgas	als Flüssiggas zu Brennzwecken
Pentan	gr. *pente*: fünf	$CH_3{-}(CH_2)_3{-}CH_3$	im Erdöl	als Lösungsmittel und in Treibstoffen für Motoren
Hexan	gr. *hex*: sechs	$CH_3{-}(CH_2)_4{-}CH_3$		
Heptan	gr. *hepta*: sieben	$CH_3{-}(CH_2)_5{-}CH_3$		
Octan	gr. *okto*: acht	$CH_3{-}(CH_2)_6{-}CH_3$		
Nonan	lat. *nonus*: der neunte	$CH_3{-}(CH_2)_7{-}CH_3$		
Decan	gr. *deka*: zehn	$CH_3{-}(CH_2)_8{-}CH_3$		
Undecan	lat. *undecim*: elf	$CH_3{-}(CH_2)_9{-}CH_3$	im Erdöl und in ätherischen Ölen	in der Gaschromatografie
Dodecan	gr. *dodeka*: zwölf	$CH_3{-}(CH_2)_{10}{-}CH_3$	im Erdöl	in der Gaschromatografie
(E)icosan	gr. *eikosi*: zwanzig	$CH_3{-}(CH_2)_{18}{-}CH_3$	im Blätterwachs von Rosengewächsen	in Paraffin

Tab. 1: Verwendung und Herkunft der ersten Glieder der homologen Reihe der Alkane.

Gemäß **IUPAC** (**I**nternational **U**nion for **P**ure and **A**pplied **C**hemistry), die durch Kommissionen für eine einheitliche chemische Nomenklatur sorgt, lautet der offizielle Name für das letzte Alkan Icosan, doch findet man in der chemischen Literatur auch häufig die Bezeichnung Eicosan. Daher und aufgrund noch folgender Beispiele sollte man sich nicht der Illusion hingeben, dass die Benennung der organischen Verbindungen eindeutig sei.

Methan (CH_4) als erste Verbindung der homologen Reihe findet man hauptsächlich im Erdgas. Zusammen mit Luftsauerstoff bildet es in einem großen Mischungsbereich explosive Gemische, die ihm als **Grubengas**, das in der Steinkohle eingeschlossen ist, eine gefährliche Wirkung verleiht. Beim Abbau von Pflanzenresten entsteht Methan in Seen und Sümpfen (**Sumpfgas**) oder etwa auch im Pansen von Rindern. Es ist ebenso wie Kohlenstoffdioxid am Treibhauseffekt der Erdatmosphäre beteiligt, sein Gehalt in der Luft steigt u. a. durch Massentierhaltung und intensiven Reisanbau jährlich an.

Entfernt man aus einem Alkan formal ein H-Atom, so entsteht die entsprechende **Alkylgruppe**: die Methylgruppe CH_3–, die Ethylgruppe C_2H_5–, die Propylgruppe C_3H_7– usw. Ab Butan aufwärts können Alkane trotz gleicher Summenformel aus Molekülen aufgebaut sein, bei denen die einzelnen Atome verschiedenartig miteinander verknüpft sind. Nach BERZELIUS spricht man vom Phänomen der **Isomerie** (gr. *isos*: gleich, *meros*: Teil).

Beispiel

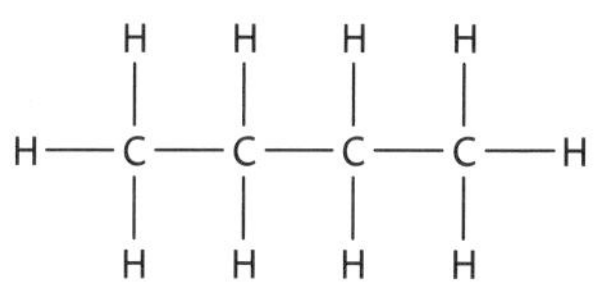

Butan C_4H_{10}

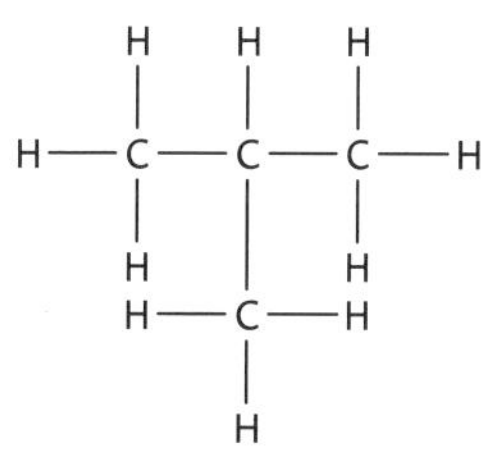

isomeres Butan C_4H_{10} (Isobutan)

Man erkennt an diesem Beispiel sehr gut den größeren Informationsgehalt der Strukturformel gegenüber der Summenformel C_4H_{10}.

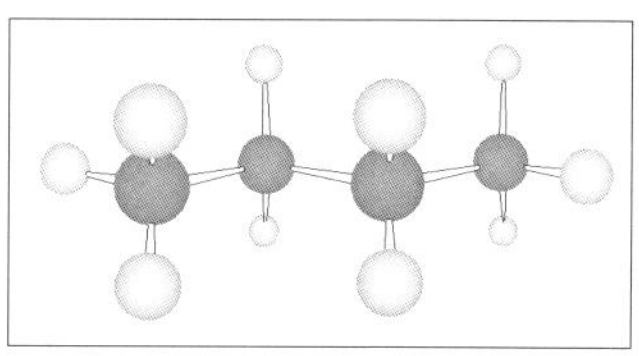

Abb. 3: Kugel-Stab-Modell von Butan.

Daneben wird zur räumlichen Veranschaulichung gerne das Kugel-Stab-Modell verwendet. Neben einer unterschiedlichen Verknüpfung der C-Atome untereinander wie im obigen Fall (**Konstitutionsisomerie**) findet man auch Atomanordnungen, die sich nur durch Drehungen um eine Einfachbindung unterscheiden und als **Konformationen** bezeichnet werden. Von den unendlich vielen möglichen Konformationen beim Ethan sind zwei besonders ausgezeichnet, nämlich die gestaffelte und die verdeckte Form:

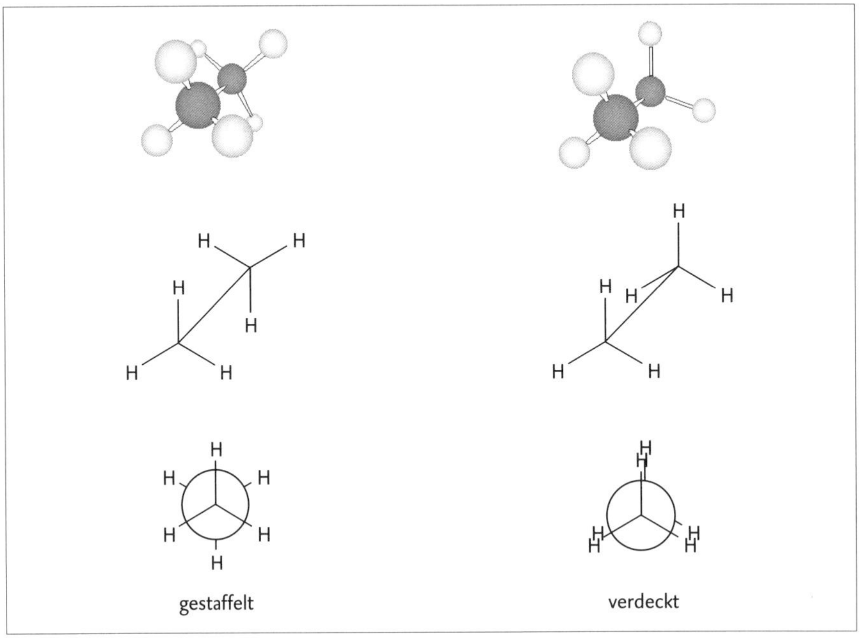

Abb. 4: Zwei Konformationen des Ethans.

Zur vereinfachten Darstellung benutzt man die so genannte **Sägebock**-Schreibweise (Abb. 4, Mitte) oder die Newman-Projektion (Abb. 4, unten). Bei letzterer befindet sich das Betrachterauge auf Höhe der C–C-Bindung, der **durchgezogene Kreis** deutet das **hintere** C-Atom an.
Der Energieaufwand zur Umwandlung der beiden Konformationen ineinander ist **äußerst gering** und diese findet bei Raumtemperatur ständig statt, weswegen die beiden Formen auch **nicht getrennt isolierbar** sind.

Da die Anzahl der (Konstitutions-)Isomere mit wachsender Molekülgröße rapide ansteigt, wird eine rationelle und systematische Bezeichnungsweise unausweichlich, die auf eine Chemikerversammlung in Genf im Jahr 1892 zurückgeht und daher als **Genfer Nomenklatur** bezeichnet wird.

Anzahl der Konstitutionsisomere	
CH_4	1
C_2H_6	1
C_3H_8	1
C_4H_{10}	2
C_5H_{12}	3
C_6H_{14}	5
C_7H_{16}	9
C_8H_{18}	18
C_9H_{20}	35
$C_{10}H_{22}$	75
$C_{20}H_{42}$	366 319

Tab. 2: Konstitutionsisomere der Alkane.

Dabei kommen folgende Regeln zur Anwendung:

1. Ausgangspunkt für die Benennung ist stets die **längste Kohlenstoffkette** im Molekül, die als **Stammverbindung** oder **Stammhydrid**[3] den hinteren Teil des Namens bildet, bei dem nebenstehenden Molekül also Pentan.

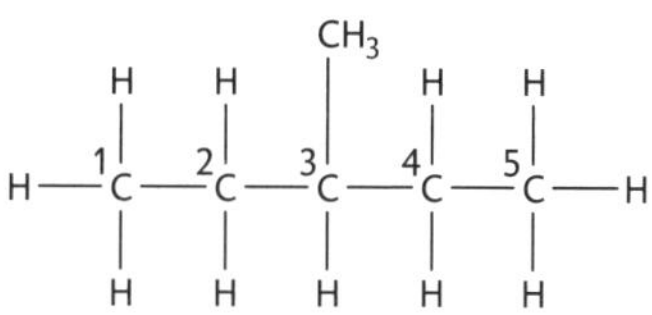

2. Diese Kette wird derart durchnummeriert, dass bei der Aufnahme der Seitenketten **möglichst niedrige Ziffern** (Lokanten) auftreten. In obiger Struktur spielt eine solche Überlegung keine Rolle, da die Verzweigungsstelle unabhängig von der Richtung, in der die Nummerierung vorgenommen wird, an Position 3 auftritt. Die Position samt der Bezeichnung der Seitengruppe wird nun dem Stammnamen vorangestellt: 3-Methylpentan. Die Stamm-Kohlenstoffkette des zweiten hier dargestellten Moleküls muss entsprechend der Regel von links durchnummeriert werden. Die korrekte Bezeichnung für die Verbindung lautet somit 2-Methylpentan (und nicht 4-Methylpentan).

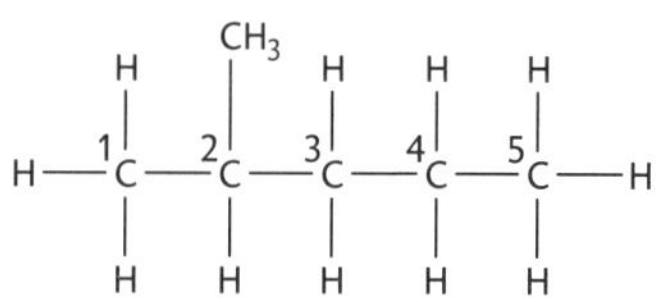

3 Als **Stammhydride** bezeichnet man unverzweigte Verbindungen, die ausschließlich Wasserstoffatome tragen (z. B. Methan, Propan, Cyclohexan, Benzol).

3. Bei größeren Molekülen ist man gezwungen, das Regelwerk zu erweitern. Treten **gleiche Seitengruppen mehrfach** auf, so verwendet man **griechische Zahlwörter** (Di ..., Tri ..., Tetra ..., Penta ... usw.) als Vorsilben, wobei die Lokanten ebenfalls mehrfach genannt werden müssen (siehe nebenstehende Strukturformel).

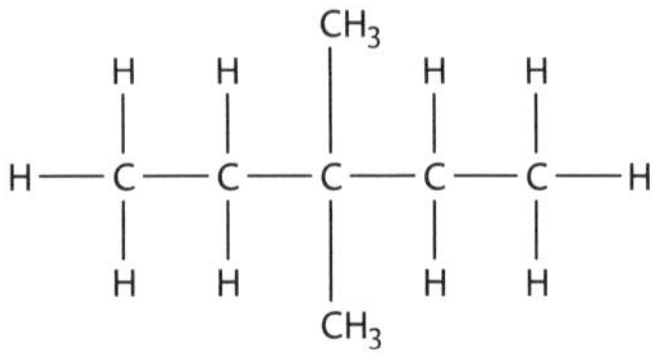

3,3-Dimethylpentan

4. Treten verschiedene Seitengruppen auf, so werden sie in alphabetischer Reihenfolge genannt. Bei der alphabetischen Auflistung bleiben die griechischen Vorsilben unberücksichtigt (Ethyl- vor Methyl-, aber auch vor Dimethyl).
Kohlenstoffatome, wie diejenigen an den Enden der Stammverbindung, die mit nur **einem** weiteren C-Atom verknüpft sind, werden als **primäre C-Atome** bezeichnet. Sekundäre C-Atome sind mit zwei, tertiäre mit drei Kohlenstoffatomen verbunden. Quartäre C-Atome gehen Bindungen zu vier weiteren Nachbar-C-Atomen ein.

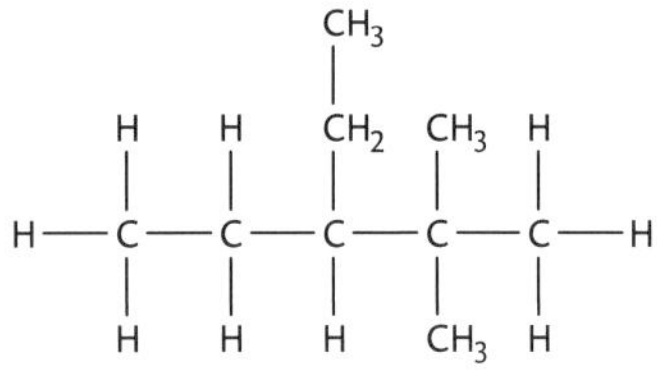

3-**E**thyl-2,2-**d**imethylpentan

5. Für etliche Seitengruppen haben sich **Trivialnamen** erhalten, damit die Benennung nicht unnötig erschwert wird. So werden beispielsweise die $(CH_3)_2CH$-Gruppe als Isopropyl- und die $CH_3{-}CH(CH_3){-}CH_2$-Gruppe als Isobutylgruppe bezeichnet:

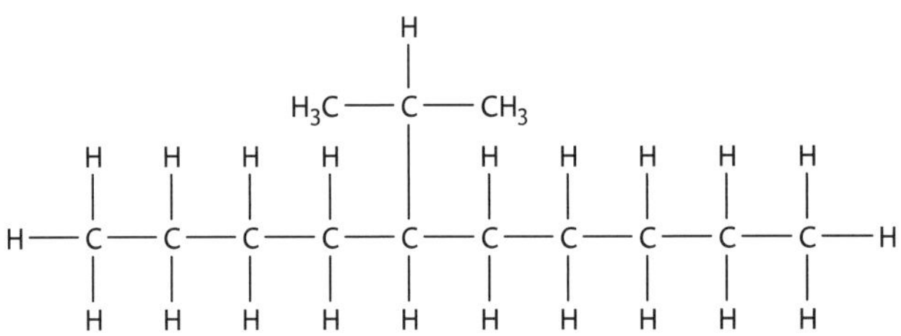

5-Isopropyldecan

1.2 Bindungsverhältnisse

Das C-Atom besitzt sechs Elektronen, von denen zwei auf das 1s-, zwei auf das 2s- und wiederum zwei auf je ein 2p-Orbital verteilt sind:

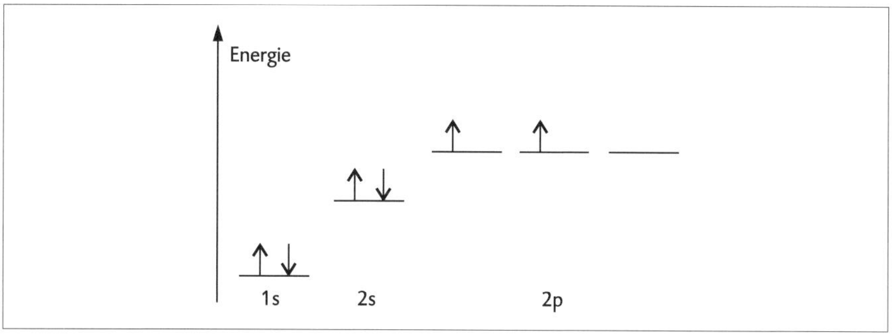

Abb. 5: Elektronenkonfiguration des Kohlenstoffatoms im Grundzustand.

Atombindungen (Elektronenpaarbindungen) ergeben sich aus der Überlappung einfach besetzter Orbitale. Da die einfachste Kohlenstoff-Wasserstoff-Verbindung CH_4 und nicht CH_2 ist, geht man davon aus, dass das C-Atom seine Bindungen zu den Wasserstoffatomen nicht aus dem Grundzustand, sondern aus einem angeregten Zustand heraus eingeht. Dabei wird durch Energiezufuhr zunächst das leere, energetisch höherstehende 2p-Orbital mit einem 2s-Elektron besetzt:

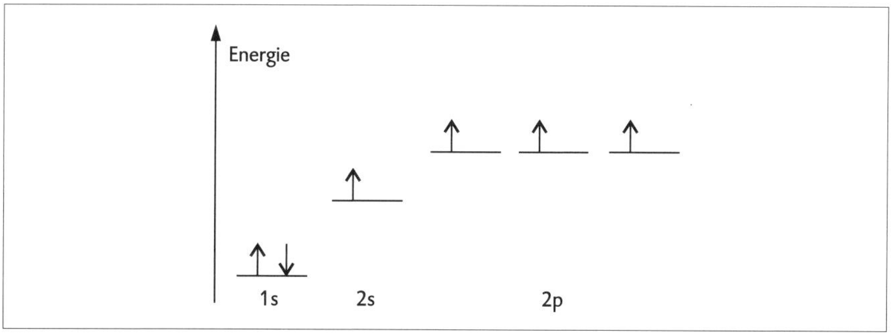

Abb. 6: Elektronenkonfiguration des Kohlenstoffatoms im angeregten Zustand.

Nun sind aber die vier C–H-Bindungen im Methan CH_4 völlig gleichartig, was mit der bisherigen Elektronenkonfiguration nicht erklärbar ist. Daher kombiniert man in einer mathematischen Rechenoperation das kugelförmige 2s-Orbital mit den drei hantelförmigen 2p-Orbitalen zu vier gleichwertigen **sp^3-Hybridorbitalen**, die jeweils mit einem Elektron besetzt werden:

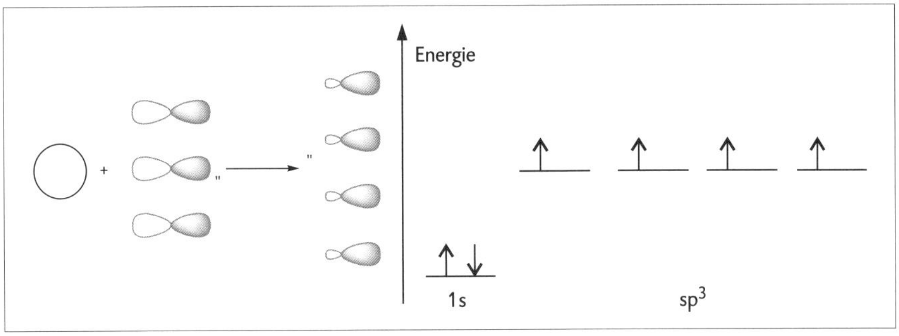

Abb. 7: sp^3-Hybridisierung.

Im Methanmolekül überlappen die sp^3-Hybridorbitale mit den ebenfalls einfach besetzten 1s-Orbitalen der Wasserstoffatome. Die vier Bindungen zeigen in die Ecken eines Tetraeders und weisen untereinander einen Bindungswinkel von ca. 109,5 ° (**Tetraederwinkel**) auf (Abb. 8, links).
Ein sp^3-Hybridorbital des C-Atoms kann auch mit einem sp^3-Orbital eines weiteren C-Atoms überlappen (Abb. 8, rechts). Dabei entsteht Ethan C_2H_6:

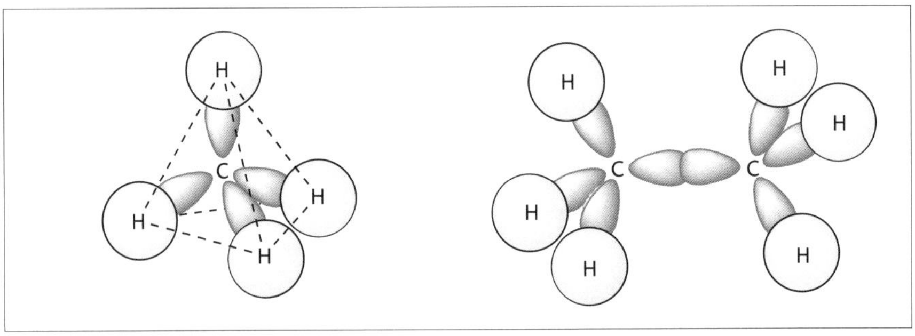

Abb. 8: Räumlicher Bau von Methan und Ethan (Orbitaldarstellung).

1.3 Eigenschaften der Alkane

Aggregatzustand

In der folgenden Tabelle findet man eine Übersicht über die Schmelz- und Siedepunkte der ersten zehn unverzweigten Alkane:

Name	Summenformel	Schmelzpunkt	Siedepunkt	Dichte der Flüssigkeit (bei 20 °C)
Methan	CH_4	–182 °C	–161 °C	–
Ethan	C_2H_6	–183 °C	–88 °C	–
Propan	C_3H_8	–190 °C	–42 °C	–
Butan	C_4H_{10}	–135 °C	–1 °C	–
Pentan	C_5H_{12}	–130 °C	36 °C	0,63 g/cm^3
Hexan	C_6H_{14}	–95 °C	69 °C	0,66 g/cm^3
Heptan	C_7H_{16}	–91 °C	98 °C	0,68 g/cm^3
Octan	C_8H_{18}	–57 °C	126 °C	0,70 g/cm^3
Nonan	C_9H_{20}	–51 °C	151 °C	0,72 g/cm^3
Decan	$C_{10}H_{22}$	–30 °C	174 °C	0,73 g/cm^3

Tab. 3: Physikalische Kenndaten der ersten zehn unverzweigten Alkane.

Alkanmoleküle sind unpolar und so findet man zwischen den Teilchen nur schwache **van-der-Waals-Kräfte**. Sie kommen dadurch zustande, dass sich durch zufällige **Elektronenverschiebung** ein **Dipol** im Molekül bildet, der in benachbarten Molekülen ebenfalls Dipole induziert und zu kurzzeitigen Anziehungen führt. Die van-der-Waals-Kräfte nehmen mit wachsender Moleküloberfläche zu. Daher steigt die Siedetemperatur vom Methan zum Decan hin kontinuierlich an. In diesem Zusammenhang ist es interessant, die Siedetemperaturen von isomeren Alkanen zu vergleichen:

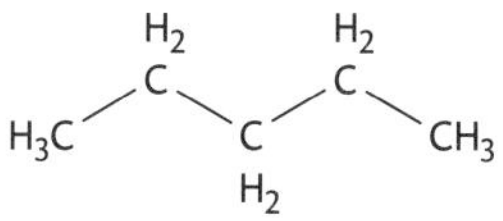

Pentan
36 °C

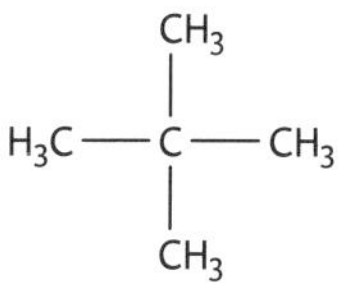

Neopentan (Dimethylpropan)
9,5 °C

Durch den verzweigten Aufbau kommt das Neopentanmolekül der Kugelgestalt sehr nahe. Eine Kugel besitzt unter allen Körpern mit vorgegebenem Volumen die kleinste Oberfläche. Aus der gegenüber dem Pentan kleineren Moleküloberfläche resultiert also letztendlich die geringere Siedetemperatur.
Auch die Schmelzpunkte zeigen bei zunehmender Molekülgröße ansteigende Tendenz, wobei allerdings die zwischenmolekularen Kräfte bei einem Feststoff zusätzlich durch die Lage der Moleküle im Kristallgitter bestimmt werden. Daher findet man bei den niederen Alkanen in dieser Beziehung einige Unregelmäßigkeiten.
Bei Raumtemperatur sind die ersten vier Alkane gasförmig, Hexadecan $C_{16}H_{34}$ (Schmp. 18 °C) oder Heptadecan $C_{17}H_{36}$ (Schmp. 22 °C) sind je nach Einstellung der Raumtemperatur fest.

Löslichkeit

Sämtliche Alkane sind in Wasser kaum löslich, die flüssigen untereinander aber mühelos mischbar.
Die zwischenmolekularen Kräfte bei Wassermolekülen werden durch **Wasserstoffbrücken** (Wasserstoffbrückenbindungen, auch Wasserstoffbindungen) bestimmt. Diese entstehen dadurch, dass ein durch das stark elektronenanziehende Sauerstoffatom um sein Bindungselektron gebrachtes Proton „Anschluss" sucht und diesen bei einem benachbarten Sauerstoffatom findet. Die „Brücke" entsteht also durch ein zwischen zwei Sauerstoffatomen „hängendes" Proton. Wasserstoffbrücken zwischen permanenten Dipolmolekülen stellen naturgemäß stärkere zwischenmolekulare Kräfte als van-der-Waals-Wechselwirkungen dar, die auf Beziehungen zwischen zufällig gebildeten und nur kurzzeitig wirkenden Dipolen beruhen. Daher können die Alkanmoleküle nicht in die „geschlossene Phalanx" der Wassermoleküle einbrechen, die Mischbarkeit der **hydrophoben** (gr. *hydor*: Wasser, *phobos*: Furcht) Alkan- und der **hydrophilen** (gr. *philos*: Freund) Phase ist nicht gegeben. Ein alter Merkspruch dazu lautet: *Similia similibus solvuntur* (lat.: Gleiches löst Gleiches).

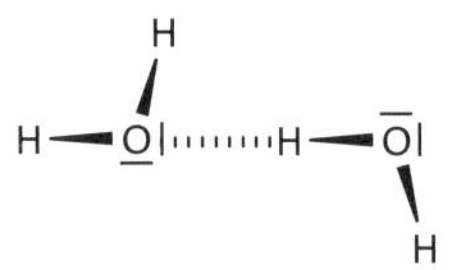

Die Dichte der Alkane nimmt mit wachsender Molekülgröße zu, bleibt aber dennoch bei den flüssigen Kohlenwasserstoffen unter 1 g/cm³ (Dichte von flüssigem Wasser). In dem nicht mischbaren System Alkan/Wasser befindet sich somit **oben** die **hydrophobe** und unten die hydrophile Phase.

Reaktionen

Die relativ reaktionsträgen Alkane sind unter drastischen Bedingungen zu verschiedenen ungewöhnlichen Reaktionen fähig. Zu den bedeutungsvollen gehören **Verbrennungen, Crackreaktionen und Halogenierungen**.
Reaktionen mit Sauerstoff findet man täglich bei der **Verbrennung** von Erdgas, welches hauptsächlich aus Methan besteht, oder Erdölprodukten wie Petroleum, Benzin oder Kerosin. Diese Reaktionen verlaufen unter Mitwirkung von **Radikalen** (Teilchen mit mindestens einem ungepaarten Elektron) und lassen sich am Beispiel Methan vereinfacht als

$$CH_4 + 2\,O_2 \longrightarrow CO_2 + 2\,H_2O$$

schreiben. Bei Zunahme der C-Anzahl im Molekül verläuft die Verbrennung immer unvollständiger, was sich in der vermehrten Bildung von **Ruß**[4] zeigt.
Beim **Cracken**[5] werden bei erhöhter Temperatur mit oder ohne Katalysator längerkettige Alkane in kleinere Einheiten gespalten. Dabei entstehen zunächst Radikale. Diese stabilisieren sich unter Bildung von Alkanen oder Alkenen (siehe S. 26):

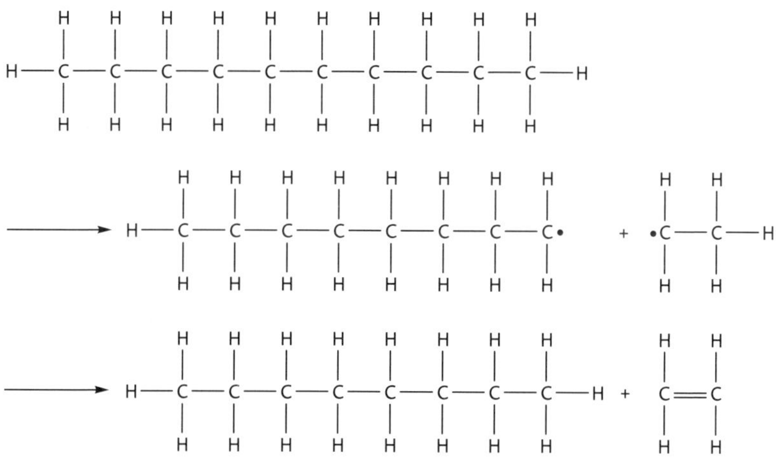

4 Ruß besteht aus kugelförmigen Partikeln von ca. 10^{-8} bis 10^{-7} m Durchmesser, die vor allem C-, aber auch H- und O-Atome enthalten.
5 engl. *to crack:* zerbrechen; technischer Begriff, sonst auch **Pyrolyse** genannt, von gr. *pyr:* Feuer, *lyein:* lösen.

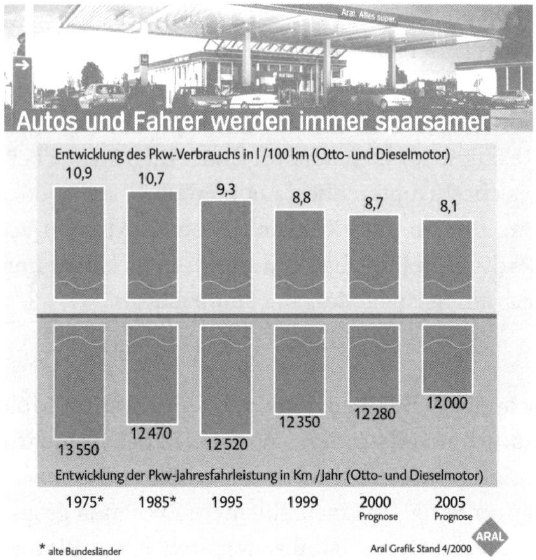

Abb. 9: Kraftstoffverbrauch seit 1975.

Die Notwendigkeit des großtechnischen Crackprozesses ergibt sich aus der Tatsache, dass die Produktverteilung bei der Erdölaufarbeitung nicht dem erhöhten Bedarf an Benzin, das aus kürzeren Kohlenwasserstoffen besteht, entspricht.

Trotz kontinuierlicher Bemühungen der Automobil–industrie, den Wirkungsgrad der Verbrennungsmotoren zu verbessern, neue, leichte Materialien im Automobilabau zu etablieren und trotz der Einführung erster, auch steuerlich geförderter „3-Liter-Autos" liegt der durchschnittliche Kraftstoffverbrauch der meisten PKW noch immer auf zu hohem Niveau.

Bei der **Halogenierung** werden ein oder mehrere Wasserstoffatome durch Halogenatome (Fluor-, Chlor-, Brom-, Iodatome) ersetzt. Man spricht daher auch von einer **Substitutionsreaktion**. Im Falle der Chlorierung und Bromierung kann man das Alkan und das entsprechende Halogen direkt miteinander reagieren lassen. In der Technik ist z. B. die Chlorierung von Methan von Bedeutung, bei der man je nach Reaktionsbedingung verschieden chlorierte Produkte erhält:

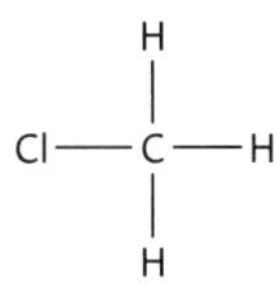

Chlormethan

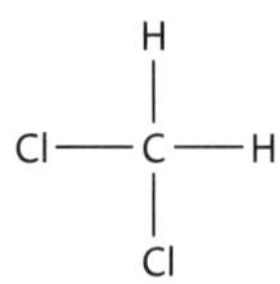

Dichlormethan

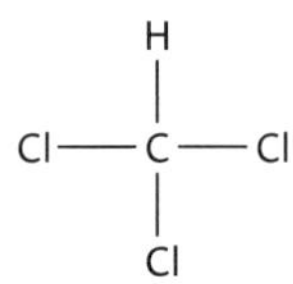

Trichlormethan (Chloroform)

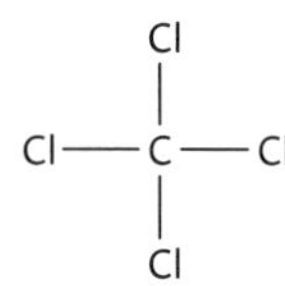

Tetrachlormethan

Bei Reaktionsbeginn wird zunächst ein Chlormolekül, etwa durch Licht, in zwei Radikale gespalten (**Startreaktion**):

$$Cl—Cl \longrightarrow Cl\bullet + Cl\bullet$$

Ein Chlorradikal greift ein Methanmolekül unter Bildung von Chlorwasserstoff und einem Methylradikal an (**Kettenreaktion**):

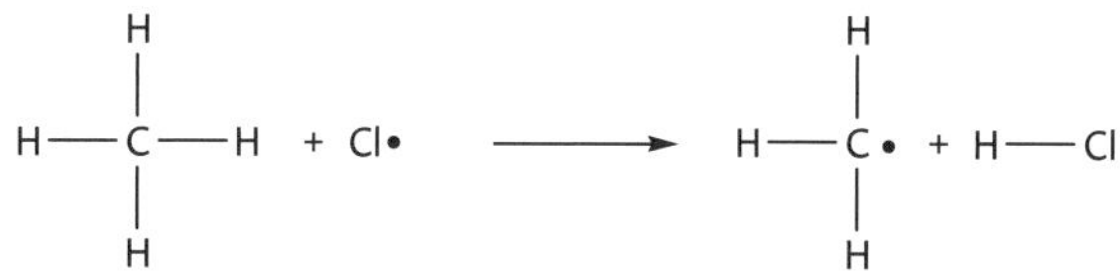

Das Methylradikal und ein Chlormolekül bilden das erwünschte Produkt Chlormethan und ein weiteres Chlorradikal, womit die Reaktionskette wieder von vorne beginnen kann:

Zum vorzeitigen Reaktionsabbruch kommt es durch zufällige Vereinigung (Rekombination) von Radikalen (**Abbruchreaktionen**):

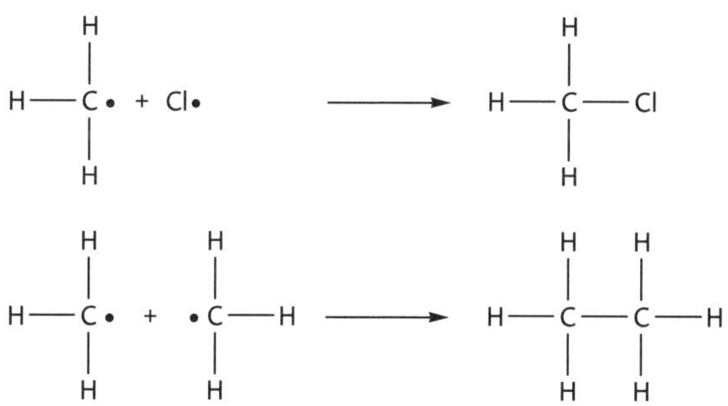

Fluor- und Iodalkane lassen sich auf diesem Weg nicht gewinnen. Fluoralkane stellt man technisch aus den entsprechenden Chloralkanen mit Fluorwasserstoff HF her, Iodalkane aus Alkanolen mit Iodwasserstoff HI.

1.4 Halogenalkane

Die **einfach substituierten** Halogenalkane dienen als Ausgangsstoffe für die Synthese einer Vielzahl von organischen Verbindungen. **Chlormethan** kann etwa mit Silicium zu **Dichlordimethylsilan** umgesetzt werden:

$$2\,CH_3Cl + Si \longrightarrow (CH_3)_2SiCl_2$$

Dichlordimethylsilan

Dichlordimethylsilan wird als Ausgangsstoff für die Synthese von **Silikonen** verwendet. Dazu setzt man die Verbindung zu **Dimethylsilandiol** um, das dann unter Wasserabspaltung zu dem Kunststoff polykondensiert:

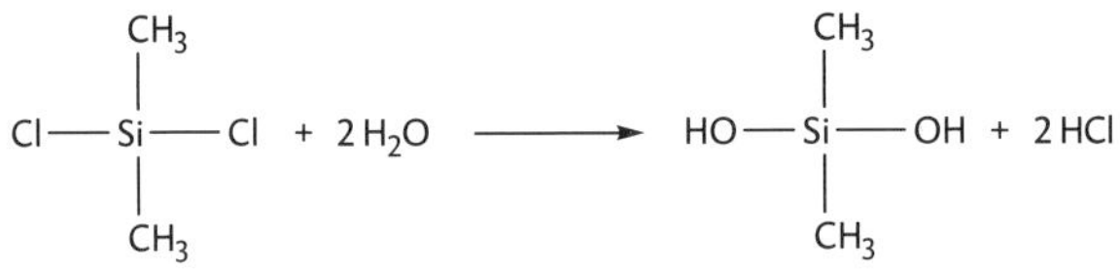

Dichlordimethylsilan Dimethylsilandiol

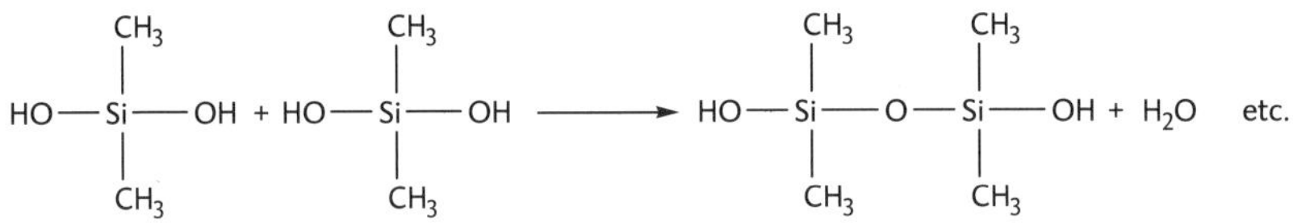

ein Siloxan

Chlorethan $CH_3{-}CH_2{-}Cl$ wird als Vereisungsmittel bei kleineren Verletzungen oder zur Herstellung von **Tetraethylblei** $Pb(C_2H_5)_4$ benutzt, welches bis vor einigen Jahren als ausschließliches **Antiklopfmittel** in Treibstoffen für Fahrzeugmotoren die zu frühe Entzündung des Benzin/Luft-Gemisches im Zylinder verhinderte („verbleites" Benzin). Tetraethylblei wird aber zunehmend durch umweltfreundlichere Zusatzstoffe (Additive) ersetzt.
Unter den **mehrfach substituierten** Halogenalkanen ist zunächst **Trichlormethan** oder **Chloroform** $CHCl_3$ erwähnenswert. Die farblose Flüssigkeit wurde früher als Narkosemittel verwendet. Das ebenfalls flüssige, überdies giftige und carzinogene **Tetrachlormethan** CCl_4 wird, soweit es nicht ersetzt werden kann, als Lösungsmittel für lipophile Substanzen benutzt.

Ein ringförmiges Halogenalkan stellt **Lindan®**, ein bestimmtes Isomer von **Hexachlorcyclohexan** $C_6H_6Cl_6$, dar. Das feste Insektizid ist in der Natur relativ schlecht abbaubar und seine Anwendung in der Bundesrepublik Deutschland daher untersagt.

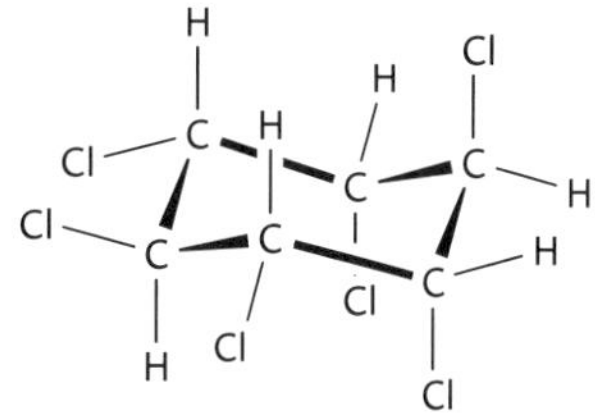

Chlorfluoralkane (Chlorfluorkohlenwasserstoffe CFKW, auch FCKW), wie **Trichlorfluormethan** CCl_3F, waren wegen ihrer Ungiftigkeit und ihrer niedrigen Siedepunkte als Kältemittel in Kühlschränken oder als Treibmittel in Spraydosen sehr geschätzt.
Leider sind sie chemisch sehr widerstandsfähig und besitzen somit eine hohe Verweilzeit in der Atmosphäre. In 20 bis 25 km Höhe (**Stratosphäre**) zerstören sie **Ozonmoleküle** (O_3), die dort für den Schutz der Erdoberfläche vor der energiereichen und gefährlichen Ultraviolettstrahlung der Sonne sorgen. Durch UV-Strahlung werden die Chlorfluorverbindungen in Radikale gespalten.

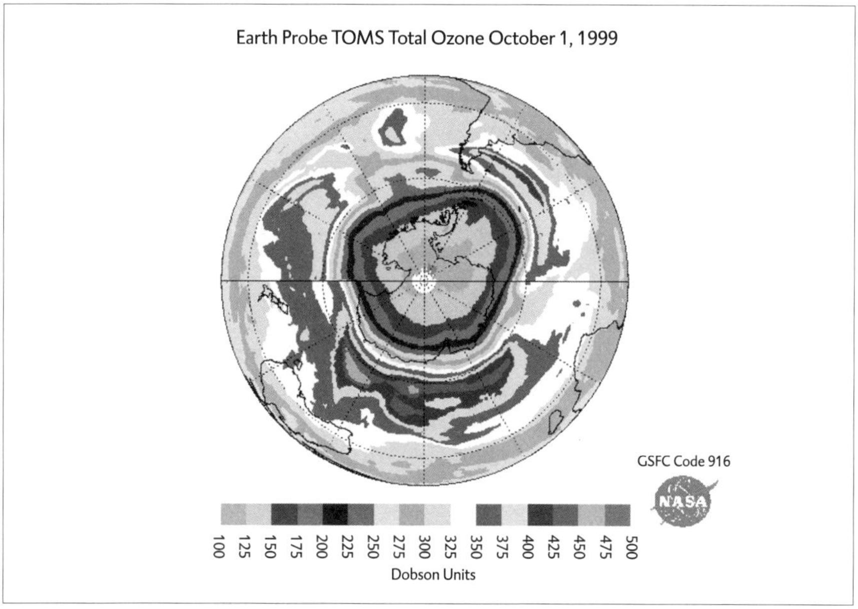

Abb. 10: Ozonverlust über der Antarktis am 1. Oktober 1999
(Einheit: Der Wert einer „Dobson Unit" (DU) berechnet sich aus der theoretischen Dicke einer Schicht aller stratosphärischen Ozonmoleküle unter den Druck- und Temperaturverhältnissen der Erdoberfläche. Eine solche Schicht wäre nur 3 mm dick, worauf der Referenzwert von 300 DU basiert. Diese 300 DU entsprechen demnach dem weltweiten Durchschnittsgehalt der Atmosphäre an Ozon).

Beispiel

$$CCl_3F \longrightarrow CCl_2F\bullet + Cl\bullet$$

Das Chlorradikal zerstört dann ein Ozonmolekül:

$$Cl\bullet + O_3 \longrightarrow ClO + O_2$$

Aus Chloroxid ClO werden wiederum Chlorradikale gebildet, die dann weitere Ozonmoleküle auf katalytischem Weg abbauen.

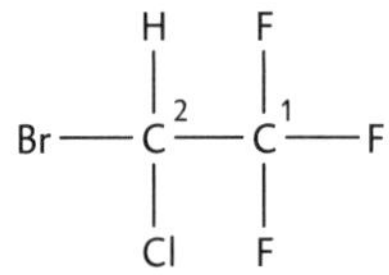

2-Brom-2-chlor-1,1,1-trifluorethan

Bromhaltige Verbindungen, etwa CF_2ClBr, werden als **Feuerlöschmittel** verwendet oder dienen wie 2-Brom-2-chlor-1,1,1-trifluorethan als Narkosemittel. Wie an nebenstehender Formel erkennbar, werden bei der Benennung der Moleküle die Substituenten mit passenden Lokanten dem Namen der Stammverbindung (hier Ethan) alphabetisch geordnet vorangestellt.

Eine wichtige Reaktion der Halogenalkane ist ihre **Umsetzung zu Alkanolen**. Greift beispielsweise ein OH^--Ion Chlormethan an, so drängt dieses ein Cl^--Ion aus dem Molekül heraus:

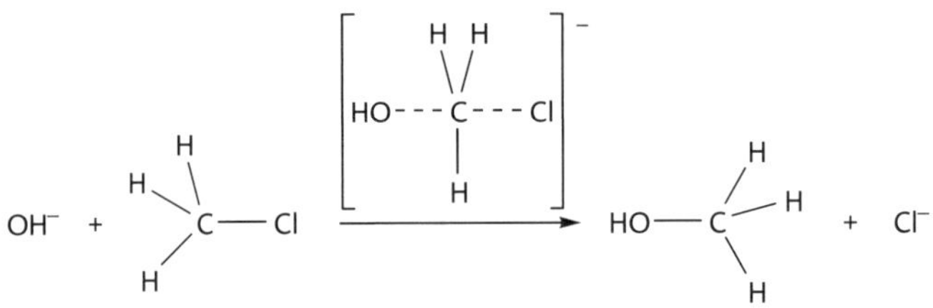

Über dem Reaktionspfeil ist der Übergangszustand dieser **nucleophilen Substitution** dargestellt, bei dem das C-Atom und die drei H-Atome des Chlormethans in einer Ebene liegen. Die alte Bindung ist noch nicht vollständig gelöst, die neue noch nicht ganz gebildet. Rechts im Schema sind schließlich die Wasserstoffatome wie ein Regenschirm im Sturm umgeklappt (Inversion). Da die Reaktionsgeschwindigkeit sowohl von der Konzentration der nucleophilen Hydroxidionen als auch der Konzentration der Chlormethanmoleküle abhängt, spricht man von einer **S_N2-Reaktion** (**S** = Substitution; **N** = Nucleophil; **2** = zwei Reaktionspartner im geschwindigkeitsbestimmenden Schritt).

Ersetzt man im obigen Reaktionsschema die drei Wasserstoffatome durch drei **elektronenschiebende Methylgruppen**, so verringert sich nicht nur die Reaktionsgeschwindigkeit, sondern es tritt zudem eine Konkurrenzreaktion auf.

Da durch die **voluminösen** Methylgruppen der Angriff des nucleophilen Teilchens erschwert ist, spaltet sich hier im geschwindigkeitsbestimmenden Schritt, der nur von der Konzentration **einer** Teilchensorte, hier der der Halogenalkanmoleküle, abhängig ist (daher **S_N1-Reaktion**), das Cl^--Ion ab und es bildet sich als Zwischenstufe ein planares **Carbeniumion**:

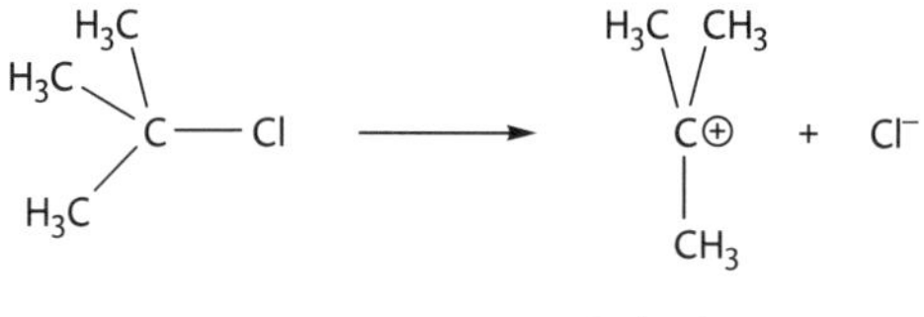

Carbeniumion

Dieses kann von **beiden Seiten** durch das Hydroxidion angegriffen werden:

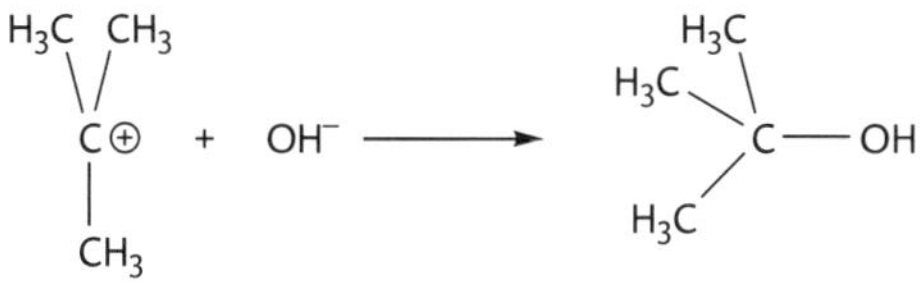

oder

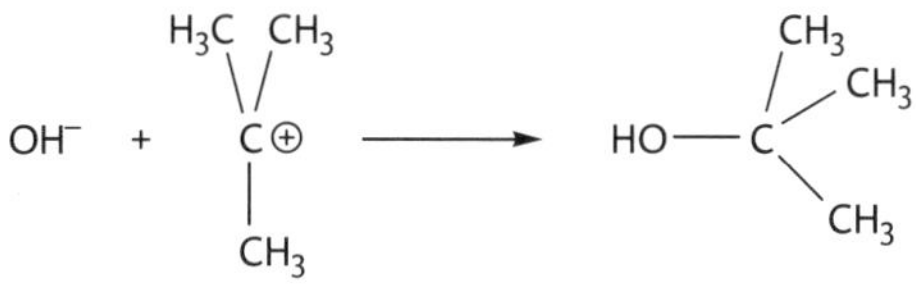

Hätten wir ein Halogenalkan mit einem **asymmetrischen C-Atom** eingesetzt, das **vier unterschiedliche Substituenten** trägt, dann würden sich die Produkte wie Bild und Spiegelbild verhalten. In der zuvor besprochenen Reaktion sind die beiden rechts stehenden Moleküle durch eine Drehung ineinander überführbar und somit identisch.

1.5 Cycloalkane

Kohlenstoff- und Wasserstoffatome können ringförmige Cycloalkane mit der **allgemeinen Summenformel C_nH_{2n}** bilden. Beim Cyclohexan C_6H_{12} findet man aufgrund des günstigen Tetraederwinkels zwei besondere Konformationen, die sich durch Drehung um die C–C-Einfachbindung ineinander überführen lassen (siehe Abb. 11, unten):

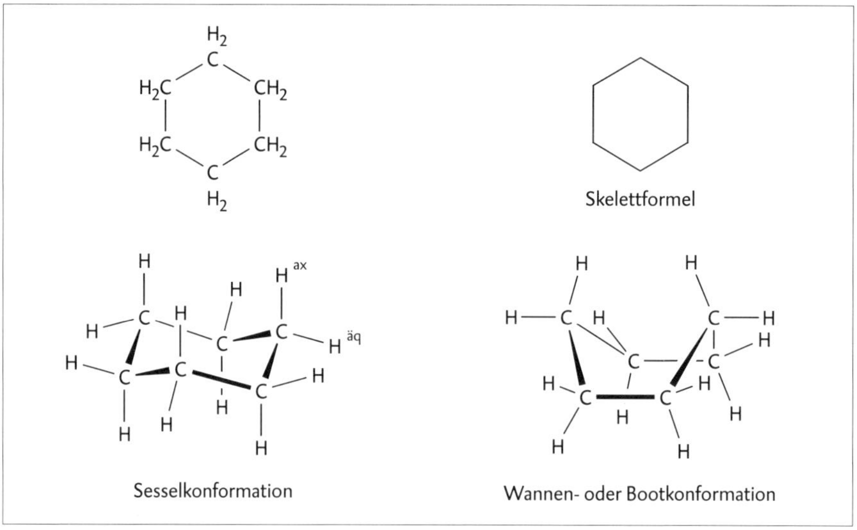

Abb. 11: Verschiedene Darstellungen des Cyclohexanmoleküls.

Die Sesselkonformation ist stabiler als die Wannenkonformation, was auf die räumliche Behinderung der H-Atome in der wannenförmigen Anordnung zurückzuführen ist. Die sechs C–H-Bindungen, die senkrecht zur Ringebene stehen, bezeichnet man als **axial**, die sechs anderen als **äquatorial** (siehe Abb. 11, links unten).

Name	Summenformel	Skelettformel	Schmelzpunkt	Siedepunkt
Cyclopropan	C_3H_6	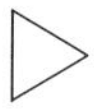	–128 °C	–33 °C
Cyclobutan	C_4H_8	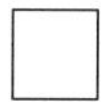	–90 °C	12 °C
Cylopentan	C_5H_{10}	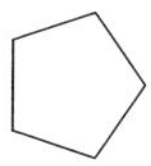	–94 °C	49 °C
Cyclohexan	C_6H_{12}	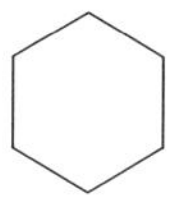	6 °C	81 °C
Cycloheptan	C_7H_{14}	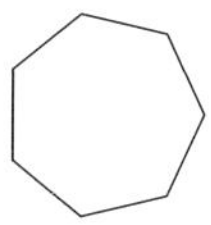	–13 °C	118 °C
Cyclooctan	C_8H_{16}	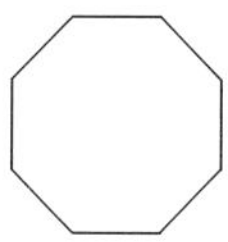	14 °C	150 °C

Tab. 4: Überblick über die einfachsten Cycloalkane.

2 Alkene

2.1 Homologe Reihe und Nomenklatur

Alkene enthalten in ihren Molekülen mindestens eine **Doppelbindung**. Diejenigen Kohlenwasserstoffe mit nur **einer** Doppelbindung besitzen somit die **Summenformel C_nH_{2n}**. Sie werden Ethen, Propen, Butene usw. genannt.

Die einfachste Verbindung erhält man für n = 2 : C_2H_4 oder **Ethen**. Es stellt ein farb- und geruchloses Gas dar und wirkt als **Pflanzenhormon** (Phytohormon), das bei Reifung von Früchten gebildet wird. Dies nutzt man aus, indem man Früchte, z. B. Bananen, nach ihrem Transport in unreifem Zustand bei Ankunft am Bestimmungsort mit Ethen begast.

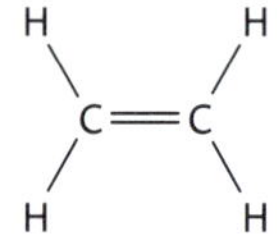

Ethen

Früher gewann man Ethen im großen Maßstab aus Ethanol durch Wasserentzug (**Dehydratisierung**, eine **Eliminationsreaktion** als Umkehrung zur Addition). Heute erhält man es als Produkt der Erdölchemie (**Petrochemie**) zusammen mit Propen und den verschiedenen Butenen als **Crackgas**. Als **ungesättigter Kohlenwasserstoff** kann Ethen durch **Addition** einer Vielzahl von verschiedenen Molekülen in Ethanderivate, also **gesättigte** Verbindungen, überführt werden.

Bei der Namensgebung führt die längste Kette, die die Doppelbindung enthält, zum Stammhydrid. Dieses besitzt die für die Alkene charakteristische Endsilbe *-en*. Der Lokant 1 im folgenden Beispiel legt die C-Nummer der Stammverbindung fest, bei der die Doppelbindung beginnt.

Beispiel

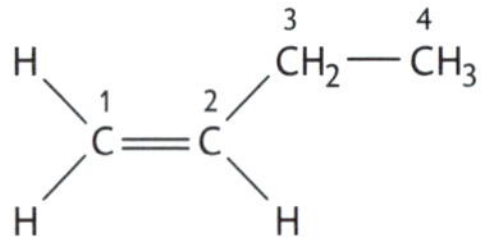

But-1-en
(1-Buten)

Diese Lokanten stehen unmittelbar vor der Endsilbe, manchmal schreibt man sie noch aus alter Gewohnheit vor den Namen des Stammhydrids, hier also 1-Buten. Die Nummerierung ist derart vorzunehmen, dass sich möglichst kleine Ziffern ergeben. Die oben stehende Verbindung darf also nicht mit But-3-en bezeichnet werden.

Bei mehreren Doppelbindungen werden die entsprechenden griechischen Zahlwörter der Silbe -*en* vorangestellt.

Beispiel

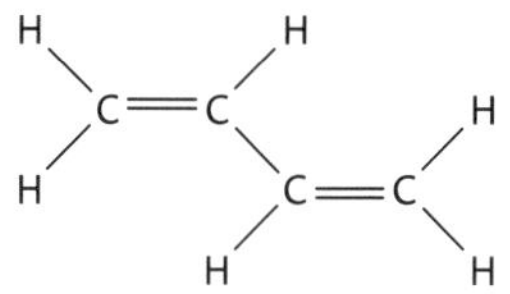

Buta-1,3-**di**en
(1,3-Butadien)

Die fehlende Drehbarkeit um die zentrale Doppelbindung kann zum Auftreten zweier Isomeren führen, bei deren Nomenklatur die Vorsilben **cis** und **trans** verwendet werden:

Beispiel

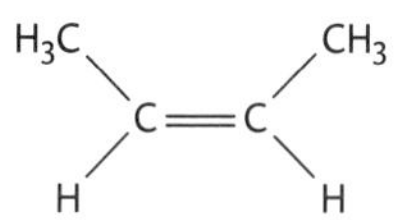

cis-But-2-en
(cis-2-Buten)

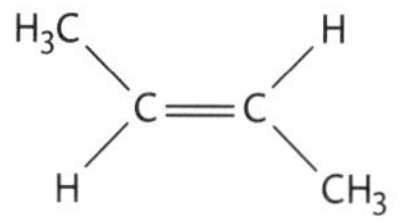

trans-But-2-en
(trans-2-Buten)

Stehen die beiden Methylgruppen auf derselben Seite der Doppelbindung, so spricht man von einer cis-Stellung (lat. *cis*: diesseits). Im zweiten Fall bezeichnet trans (lat. *trans*: jenseits) die bezüglich der Doppelbindung entgegengesetzte Lage der Methylgruppen.

2.2 Bindungsverhältnisse

Zur Erklärung der Bindungsverhältnisse benutzt man das schon im vorigen Kapitel dargestellte Konzept der **Hybridisierung**. Diesmal kombiniert man ein s- und zwei p-Orbitale zu drei **energetisch gleichwertigen** sp^2-Hybridorbitalen, die jeweils mit einem Elektron einfach besetzt sind. Das 6. Elektron (4. Außenelektron) bleibt in einem energiereicheren, nicht in die Hybridisierung einbezogenen p-Orbital:

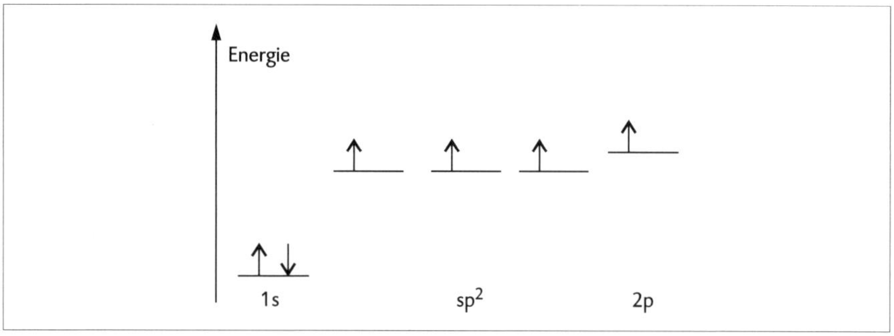

Abb. 12: sp^2-Hybridisierung.

Die drei sp^2-Hybridorbitale liegen in einer Ebene und zeigen in die Ecken eines gleichseitigen Dreiecks. Das einfach besetzte 2p-Orbital steht senkrecht zu dieser Ebene.
Im einfachsten Alken, dem **Ethen** C_2H_4, überlappen nun zwei einfach besetzte sp^2-Hybridorbitale zu einer **rotationssymmetrischen σ-Bindung**, die beiden p-Orbitale zu einer **nicht-rotationssymmetrischen π-Bindung**. Die restlichen vier sp^2-Hybridorbitale überlappen mit je einem s-Orbital der Wasserstoffatome. Daraus resultiert ein ebener Bau des Moleküls mit H–C–H- und H–C–C-Bindungswinkeln von 120°:

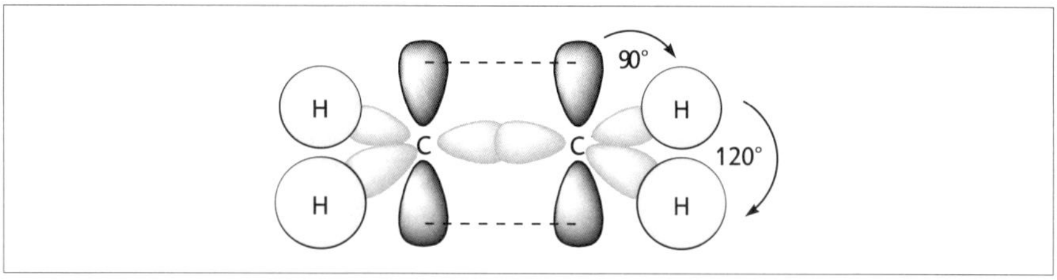

Abb. 13: Bau des Ethenmoleküls (nicht hybridisierte p-Orbitale dunkler).

Die Bindungslänge der C=C-Doppelbindung ist mit 134 pm erwartungsgemäß kürzer als bei Ethan mit einer Bindungslänge von 153 pm für die Einfachbindung.[6] Die Bindungsenergie beträgt mit 720 kJ/mol fast das Doppelte derjenigen des Alkans mit 368 kJ/mol.

2.3 Reaktionen der Alkene

Zwei durch das Vorhandensein einer Doppelbindung bedingte, typische Reaktionsarten der Alkene sind die **Additions-** und **Polymerisationsreaktionen**.

Elektrophile Addition

Bei der **elektrophilen Addition** von Brom an Ethen entsteht 1,2-Dibromethan:

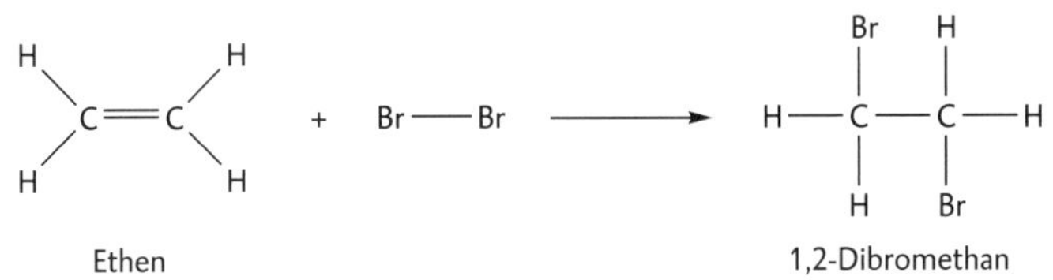

Die Reaktion dient allgemein zum Nachweis von C=C-Doppelbindungen, da Bromwasser seine charakteristische rotbraune Färbung dabei verliert. Das Produkt ist eine ölige Flüssigkeit, von der die alte Bezeichnung **Olefine** für die Stoffklasse Alkene stammt.

Um mit allen experimentellen Befunden übereinzustimmen, wurde für das theoretische Verständnis der Additionsreaktion ein **Mehrstufenmechanismus** vorgeschlagen. Im **ersten Schritt** lagert sich das Brommolekül an die π-Elektronenwolke des Ethens an, wodurch die Br–Br-Bindung polarisiert wird. Man spricht bei diesem losen Anlagerungsprodukt von einem **π-Komplex**. Daraus bildet sich das zyklische **Bromoniumion**:

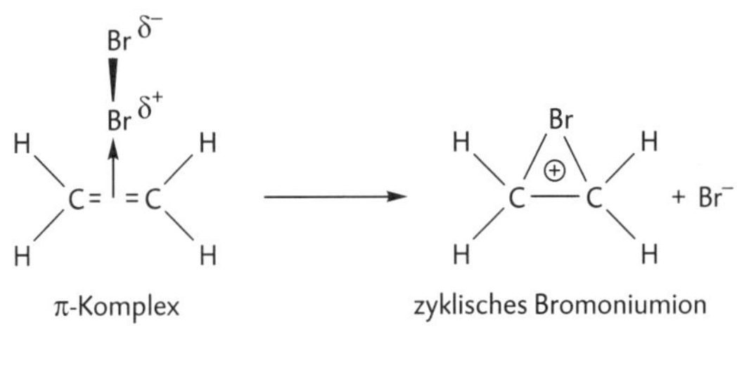

6 Einheit: 1 pm = 1 Pikometer = 10^{-12} m.

Das übriggebliebene Bromanion greift im **zweiten Schritt** mit einem freien Elektronenpaar dieses Bromoniumion von der Rückseite an:

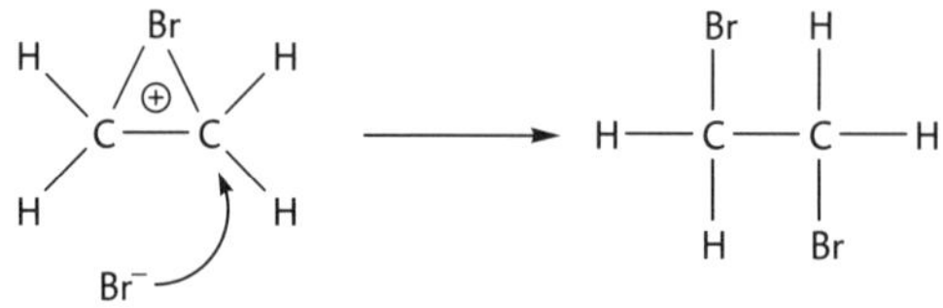

Dass das Bromanions tatsächlich von der **gegenüberliegenden Seite** angreift, zeigt das Produkt der Reaktion von trans-But-2-en (trans-2-Buten) mit Brom:

Produkt **I**

Im anderen Fall, der Addition **beider** Bromatome auf **einer** Seite der Doppelbindung, würde sich ein Reaktionsprodukt **II** ergeben, das mit I trotz Drehung um die Einfachbindung nicht zur Deckung zu bringen wäre:

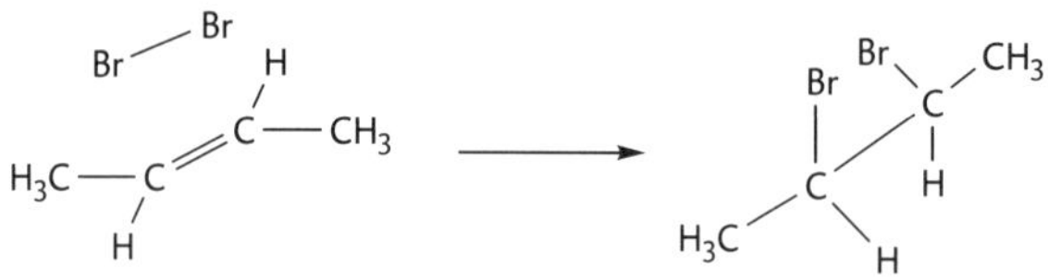

Produkt **II**

Da man **nur** die Bildung von Produkt **I** beobachten kann, spricht das Experiment für den Angriff von gegenüberliegenden Seiten.
Die Elektronendichte der Doppelbindung hat Einfluss auf die Reaktionsgeschwindigkeit. Substituiert man ein Wasserstoffatom im Ethen durch ein Chloratom, so sinkt sie. Das Chloratom verringert durch seine gegenüber Kohlenstoff höhere Elektronegativität die Elektronendichte, man spricht auch von einem **negativen induktiven Effekt** (kurz: –I-Effekt, siehe S. 132). Er nimmt von Iod über Brom und Chlor zu Fluor – entsprechend der steigenden Elektronegativität der Halogene – hin zu. Eine Methyl- oder Ethylgruppe erhöht die Reaktionsgeschwindigkeit, sodass man auf eine Erhöhung der Elektronendichte zwischen den C-Atomen schließen muss. Den Alkylgruppen kommt somit ein **positiver induktiver Effekt** (+I-Effekt) zu, der von der Methyl- zur Propylgruppe hin zunimmt.

Bei der durch Hydroxoniumionen katalysierten Addition von Wasser an Alkene kann sich u.a. wegen des hier nicht vorhandenen Elektronenpaares des Protons keine zyklische Zwischenstufe ausbilden. Als Zwischenstufe bildet sich aber ein positiv geladenes **Carbeniumion**. Das sich anlagernde Wassermolekül spaltet zum Schluss wieder ein Proton ab. Auf diesem Wege lässt sich z.B. aus Ethen **Ethanol** herstellen (siehe S. 69):

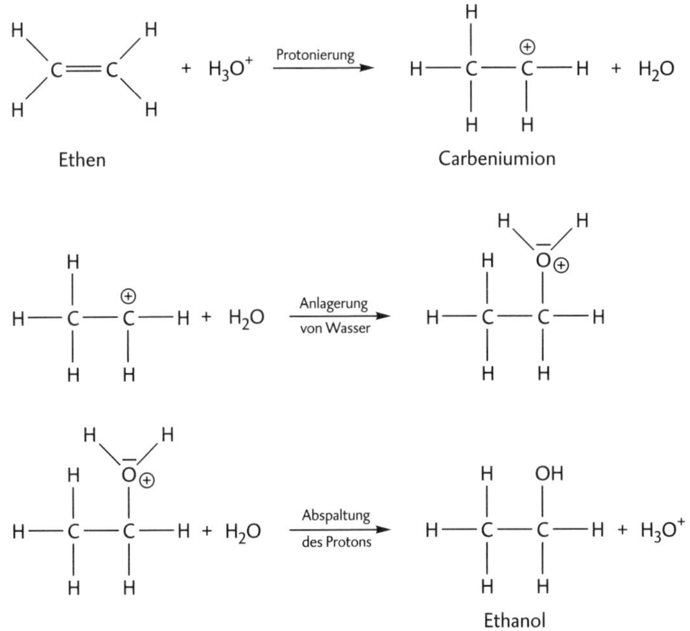

Bei in Bezug auf die Doppelbindung **unsymmetrischen** Ausgangsstoffen können sich verschieden gebaute Produkte bilden. So sind bei der Addition von Wasser an Propen **zwei** Produkte denkbar:

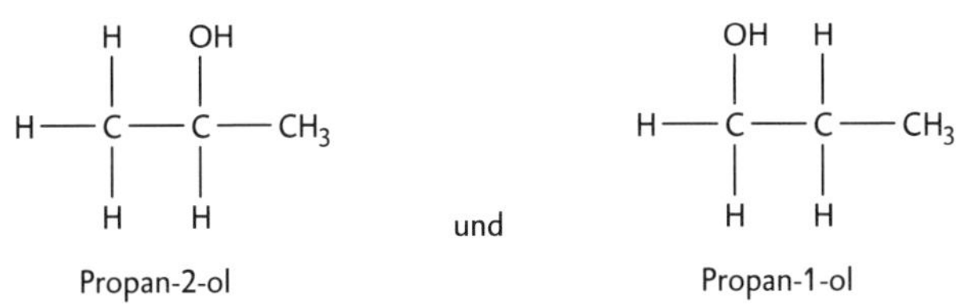

Im Überschuss (aber nicht ausschließlich) findet man das links stehende Propan-2-ol (2-Propanol).

Dieses Ergebnis fasst die Regel von MARKOWNIKOFF aus dem Jahr 1869 zusammen: „*Wer schon viel hat, bekommt noch mehr*“. Dies bedeutet, dass das höher substituierte – hier das sekundäre C-Atom – die OH-Gruppe erhält.
Betrachtet man nämlich die beiden zugehörigen Zwischenstufen, so erkennt man, dass das **linke** Zwischenprodukt, mit der **positiven Ladung** an einem **sekundären** C-Atom, durch den elektronenschiebenden +I-Effekt der Methylgruppe stabilisiert wird. Dies beschleunigt seine Bildung gegenüber der des rechten Zwischenproduktes, in welchem sich die positive Ladung an einem primären C-Atom befindet:

Alkene sind, wie bereits erwähnt, **ungesättigte** Verbindungen. Durch Anlagerung von Wasserstoff entstehen gesättigte Verbindungen. Eine solche Reaktion heißt **Hydrierung** und wird mithilfe eines Katalysators durchgeführt:

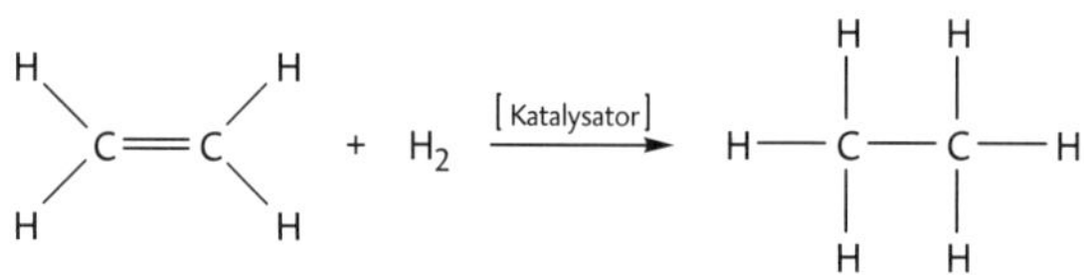

Radikalische Polymerisation

Den zweiten für Alkene wichtigen Reaktionstyp neben elektrophilen Additionen stellen die **Polymerisationen** dar. Bei der **radikalischen Polymerisation** wird die Reaktionskette durch ein Radikal, ein reaktives Teilchen mit ungepaartem Elektron, eingeleitet (**Startreaktion**):

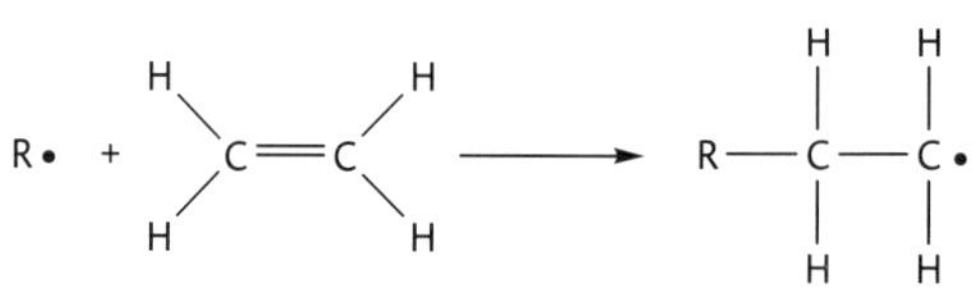

Das aus dem Ethen entstandene Radikal setzt die Reaktion fort. Auf diese Weise kommt die Kettenreaktion in Gang (**Kettenreaktion**):

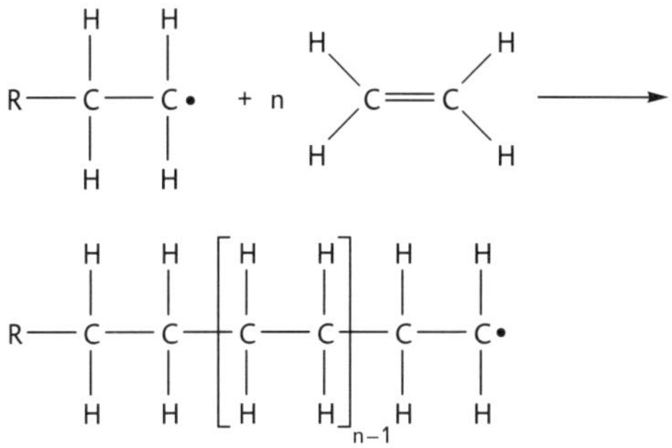

Zum Reaktionsabbruch kommt es, wenn sich zwei Radikale miteinander verbinden (**Abbruchreaktionen**):

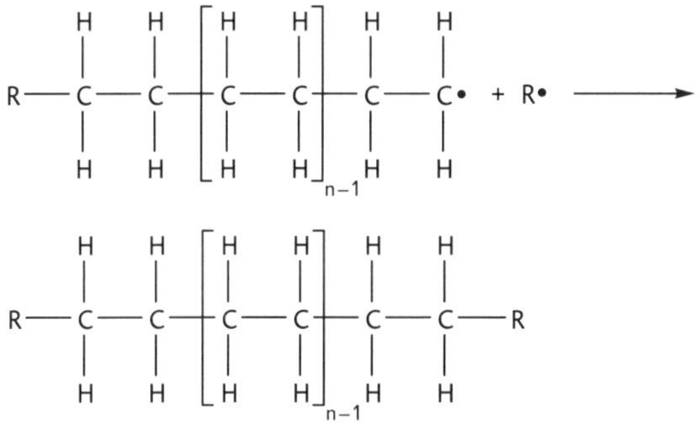

Der aus solchen **Makromolekülen** bestehende Kunststoff wird **Polyethen (PE)** genannt. Durch Variation der eingesetzten **Monomere** entstehen vielseitig einsetzbare Materialien mit bestimmten gewünschten Eigenschaften, deren Recycling bzw. umweltfreundliche Entsorgung Hersteller und verwertende Industrie noch immer vor schwer lösbare Probleme stellt.

Abb. 14: Recycling von Polyethenprodukten.

Ethen dient als Ausgangsstoff für eine Vielzahl organischer Verbindungen. Der folgende Produktbaum soll dies beispielhaft veranschaulichen:

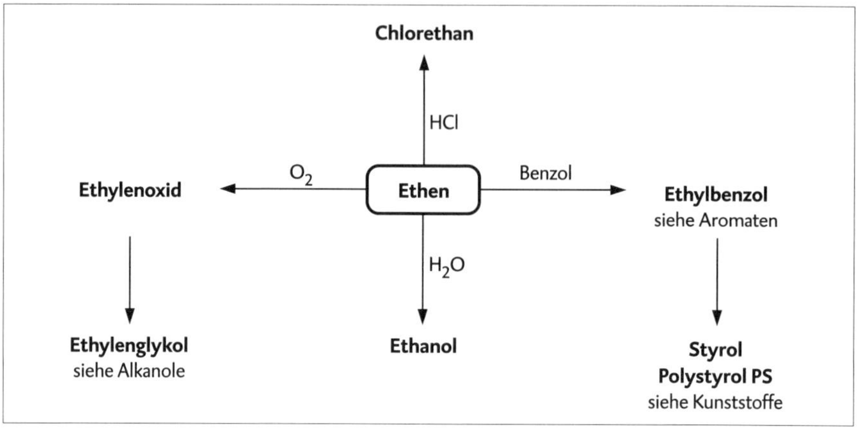

Abb. 15: Ethenprodukte.

Der Synthesebaum für Propen sieht folgendermaßen aus:

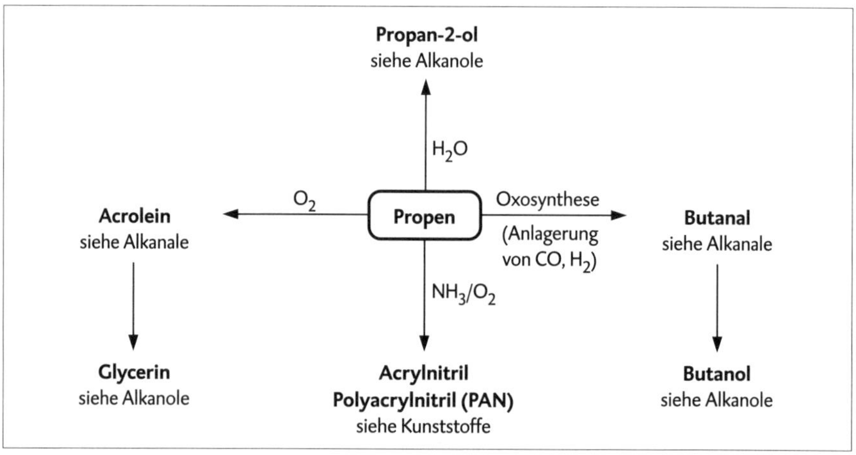

Abb. 16: Propenprodukte.

3 Alkine

3.1 Homologe Reihe und Nomenklatur

Alkine sind Kohlenwasserstoffe mit mindestens einer **Dreifachbindung**. Enthalten diese Verbindungen genau eine Dreifachbindung, so besitzen sie die **Summenformel C_nH_{2n-2}**. Sie werden Ethin, Propin, Butine usw. genannt.

Ihr wichtigster Vertreter ist das gasförmige, farb- und fast geruchlose **Ethin** oder **Acetylen** mit der Summenformel C_2H_2. Bei seiner Verbrennung in reinem Sauerstoff werden Temperaturen bis 2 800 °C erreicht. Daher wird Ethin zum Schneiden und Schweißen von Stahl benutzt. Um es sicher handhaben zu können, wird es dazu in Aceton (siehe S. 114) unter Druck gelöst und von einer porösen Masse wie etwa Kieselgur aufgesaugt.

Ethin

Früher stellte man Ethin großtechnisch aus Calciumoxid und Koks im Lichtbogen bei über 2 000 °C her:

$$CaO + 3\,C \longrightarrow CaC_2 + CO$$

Das Calciumcarbid wird mit Wasser zum endgültigen Produkt umgesetzt:

$$CaC_2 + 2\,H_2O \longrightarrow C_2H_2 + Ca(OH)_2$$

Allerdings verliert Ethin gegenüber dem mit petrochemischen Verfahren billiger herstellbaren Ethen zunehmend an Bedeutung.

Die Nomenklatur der Alkine schließt sich an diejenige der Alkane und Alkene an. Diesmal wird das Suffix *-in* verwendet, direkt davor wird der Lokant gestellt, den man wieder so klein wie möglich wählt.

Beispiel

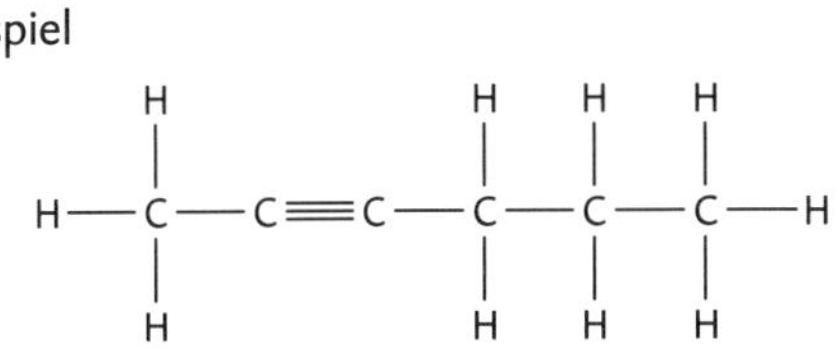

Hex-2-in

Die Verbindung heißt demnach Hex-2-in (2-Hexin) und nicht Hex-4-in.

Interessant wird es, wenn Doppel- und Dreifachbindungen gleichzeitig in einem Molekül vorkommen. Besteht dann eine Wahlmöglichkeit, sorgt man dafür, dass die Doppelbindung den niedrigeren Lokanten erhält:

Beispiel

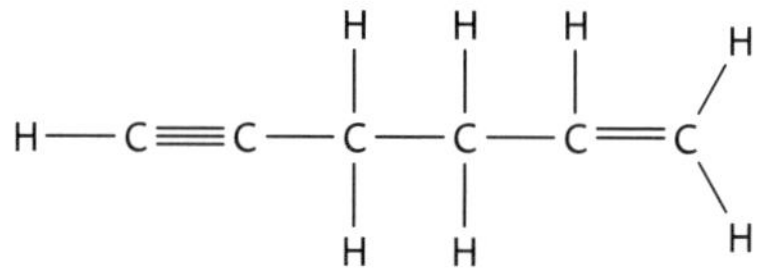

Hex-1-en-5-in

Das Molekül heißt Hex-1-en-5-in und nicht Hex-1-in-5-en.

Mehrere Dreifachbindungen werden wiederum durch die entsprechenden griechischen Zahlwörter ausgezeichnet:

Beispiel

Penta-1,3-diin

Dieses Molekül heißt Penta-1,3-diin (1,3-Pentadiin).

3.2 Bindungsverhältnisse

Bei den Alkinen bilden das 2s- und ein 2p-Orbital der C-Atome, die an der Dreifachbindung beteiligt sind, zwei sp-Hybridorbitale, die einen Winkel von 180° zueinander einnehmen. Diese Hybridorbitale sind, wie die beiden übrig gebliebenen p-Orbitale, einfach besetzt:

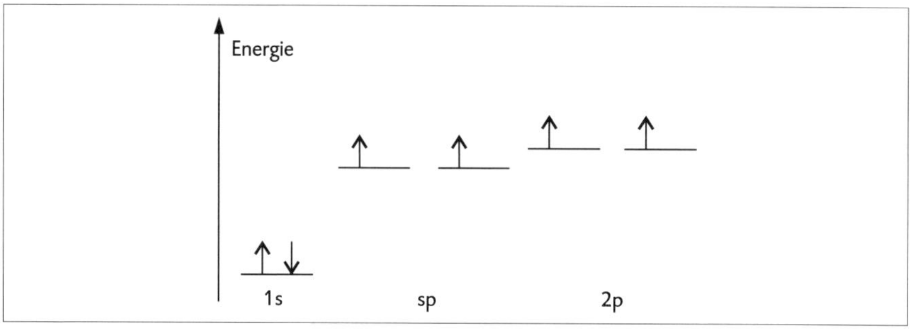

Abb. 17: sp-Hybridisierung.

Im **Ethin** überlappen zwei sp-Orbitale der beiden benachbarten C-Atome zu einer σ-Bindung, die p-Orbitale bilden zwei zusätzliche π-Bindungen. Die beiden restlichen sp-Hybridorbitale überlappen mit je einem einfach besetzten s-Orbital eines H-Atoms:

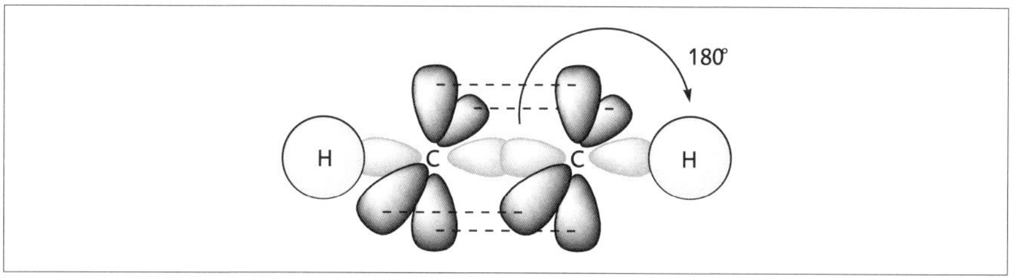

Abb. 18: Bau des Ethinmoleküls (nicht hybridisierte p-Orbitale dunkler).

Die C–C-Dreifachbindung in dem linear gebauten Molekül ist mit 121 pm kürzer als die C=C-Doppelbindung mit 134 pm.

	Bindungslänge	Bindungsenergie	Bindungswinkel
C–C-Einfachbindung	153 pm	368 kJ/mol	109,5°
C=C-Doppelbindung	134 pm	720 kJ/mol	120°
C≡C-Dreifachbindung	121 pm	963 kJ/mol	180°

Tab. 5: Vergleich der möglichen C–C-Verknüpfungen.

Die sp-Hybridorbitale bewirken eine zwar geringe, gegenüber Ethen und Ethan aber deutlich vergrößerte **Acidität** (Fähigkeit zur H^+-Abspaltung). Die mit dem Anion gebildeten Salze heißen **Acetylide** H–C≡C|⁻, diejenigen mit dem Dianion $|C{\equiv}C|^{2-}$ **Carbide**.

3.3 Reaktionen

Die Alkine gehen wie die Alkene Additionsreaktionen ein. So reagiert Ethin mit Chlor in der ersten Stufe zu trans-1,2-Dichlorethen:

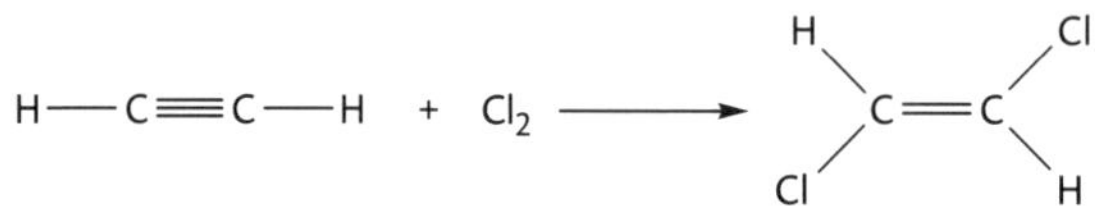

Dichlorethen kann mit weiterem Chlor **1,1,2,2-Tetrachlorethan** bilden:

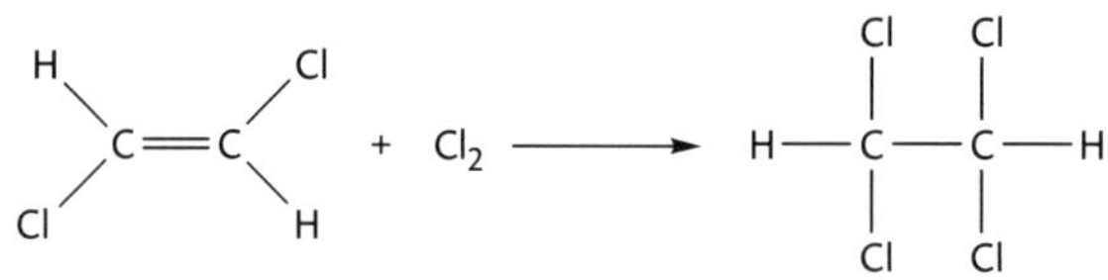

Bei Reaktion mit Chlorwasserstoff entsteht **Vinylchlorid** (Chlorethen):

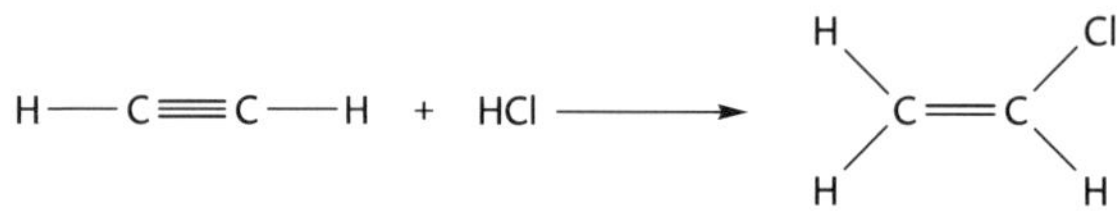

Setzt man Wasser ein, so bildet sich unter Zwischenbildung von Vinylalkohol (Ethenol) der Aldehyd **Ethanal** (siehe S. 98):

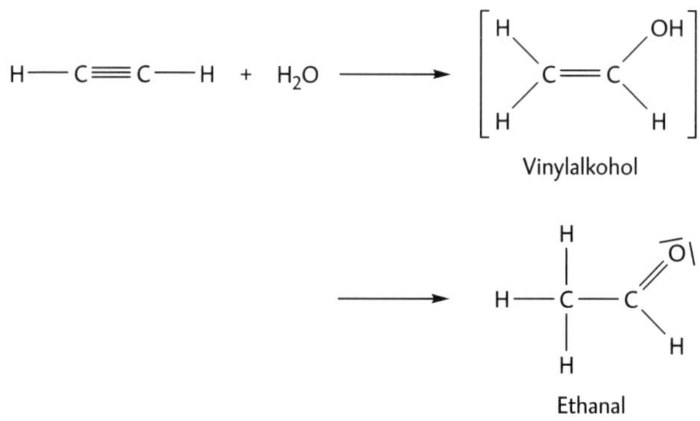

Alkine können als ungesättigte Verbindungen wie die Alkene **hydriert** werden. Aus Ethin entsteht dabei je nach Reaktionsbedingung Ethen bzw. Ethan.

Zur Übersicht ein Ausschnitt aus dem Produktbaum des Ethins:

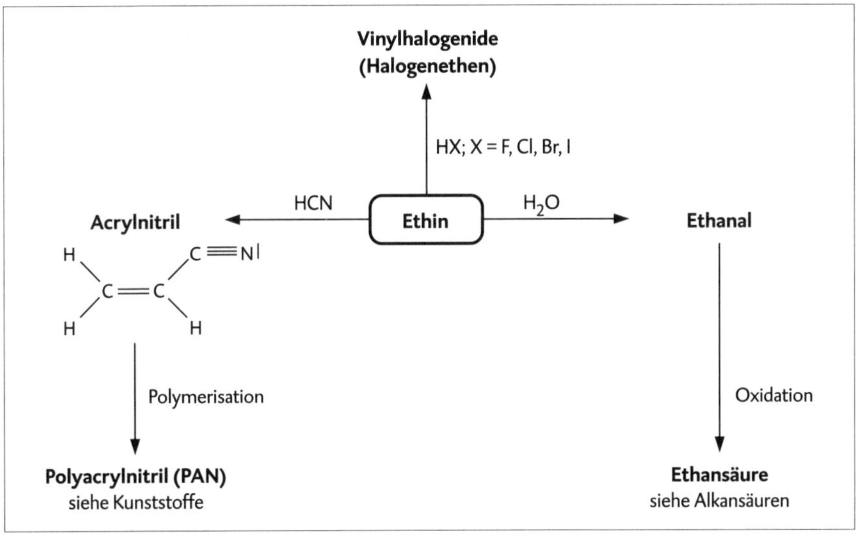

Abb. 19: Ethinprodukte.

Zusammenfassung

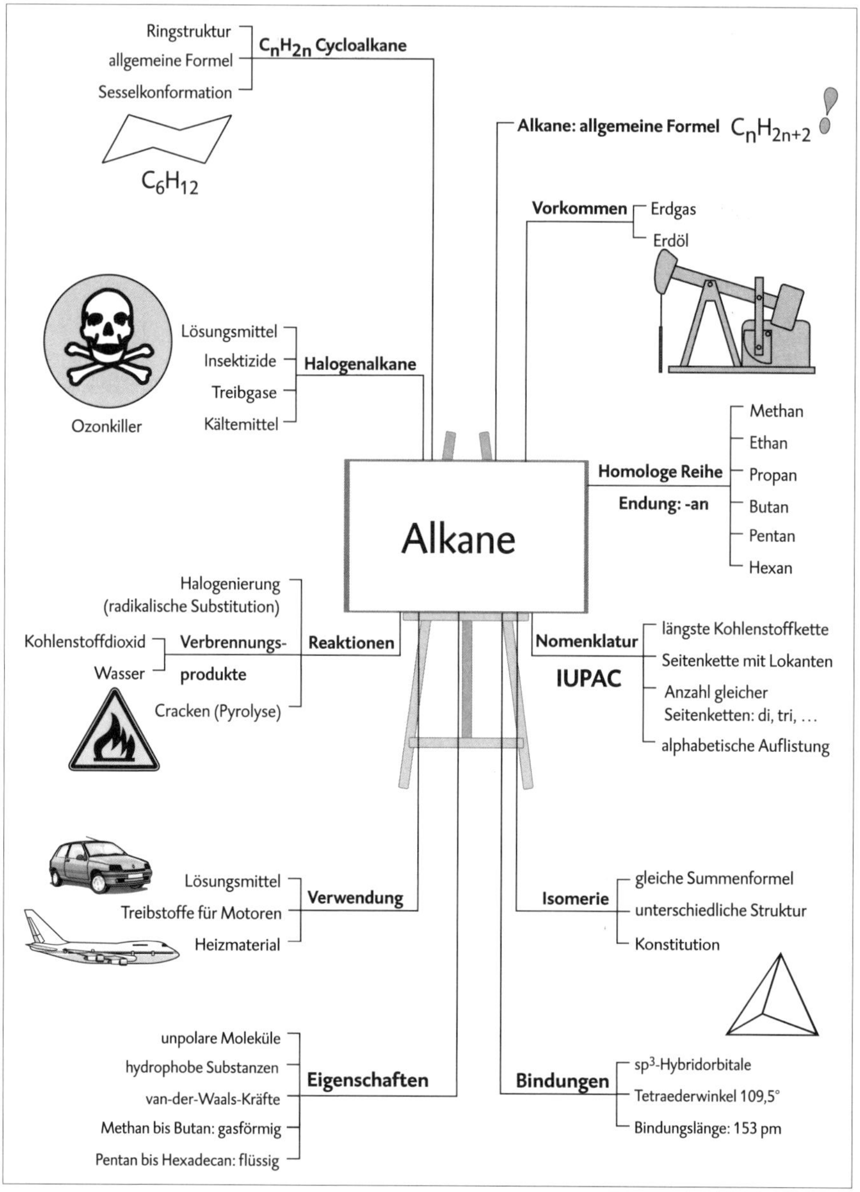

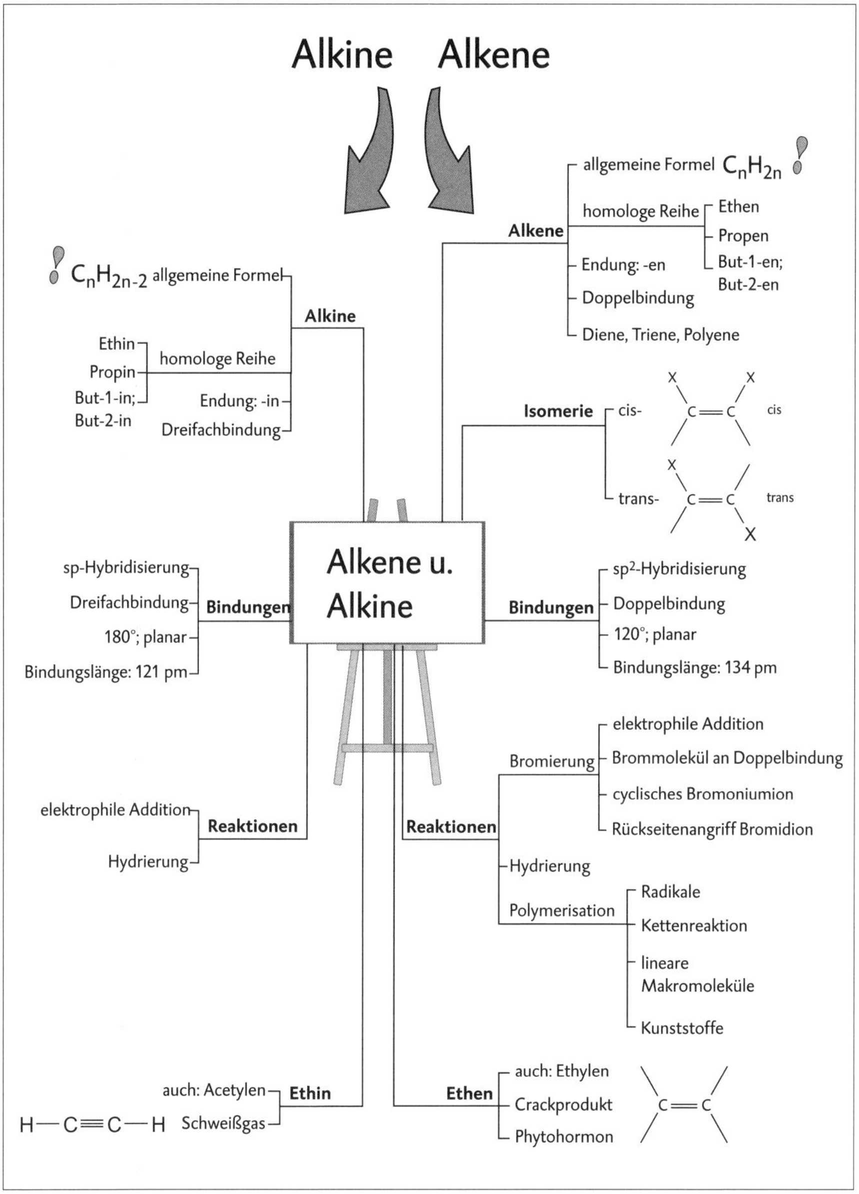
Alkine Alkene
Alkene u. Alkine
Alkene
allgemeine Formel C_nH_{2n}
homologe Reihe
Ethen
Propen
But-1-en; But-2-en
Endung: -en
Doppelbindung
Diene, Triene, Polyene
Alkine
C_nH_{2n-2} allgemeine Formel
homologe Reihe
Ethin
Propin
But-1-in; But-2-in
Endung: -in
Dreifachbindung
Isomerie
cis-
trans-
cis
trans
X
C═C
Bindungen
sp-Hybridisierung
Dreifachbindung
180°; planar
Bindungslänge: 121 pm
Bindungen
sp^2-Hybridisierung
Doppelbindung
120°; planar
Bindungslänge: 134 pm
Reaktionen
elektrophile Addition
Hydrierung
Reaktionen
Bromierung
elektrophile Addition
Brommolekül an Doppelbindung
cyclisches Bromoniumion
Rückseitenangriff Bromidion
Hydrierung
Polymerisation
Radikale
Kettenreaktion
lineare Makromoleküle
Kunststoffe
Ethin
auch: Acetylen
Schweißgas
H—C≡C—H
Ethen
auch: Ethylen
Crackprodukt
Phytohormon
C═C

- Die **Alkane** mit der Summenformel C_nH_{2n+2} stellen die einfachsten Kohlenwasserstoffe dar. Mit wachsender Molekülgröße nehmen in der Regel Schmelz- und Siedetemperaturen zu, als hydrophobe Stoffe mischen sie sich kaum mit Wasser. Neben Oxidationen und Crackreaktionen vollziehen sich radikalische Substitutionen mit Halogenen. Die entstehenden Halogenalkane finden vielfach Verwendung, etwa als Lösungs-, Kälte-, Feuerlösch-, Narkosemittel, Insektizide oder Treibgase. Sie reagieren mit nucleophilen Teilchen in einem S_N-Mechanismus. Die ringförmigen Alkane oder Cycloalkane besitzen die Summenformel C_nH_{2n}.
- **Alkene** sind Verbindungen mit mindestens einer Doppelbindung. Das gasförmige Ethen C_2H_4 stellt die einfachste Verbindung dieser Stoffgruppe dar. Die Doppelbindung ist kürzer als eine Einfachbindung und besitzt eine größere Bindungsenergie. Sie führt einerseits zum Auftreten von cis-trans-Isomeren mangels freier Drehbarkeit, andererseits zu einer Erhöhung der Elektronendichte und begünstigt somit elektrophile Additionen. Außerdem erlaubt die Doppelbindung die Polymerisation der Alkene zu Makromolekülen.
- **Alkine** sind Verbindungen mit mindestens einer Dreifachbindung. Der bedeutendste Vertreter dieser Stoffklasse ist das gasförmige Ethin C_2H_2. Die Dreifachbindung führt zu einer Verkürzung der Bindungslänge und einer Erhöhung der Bindungsenergie gegenüber Einfach- und Doppelbindung. Alkine gehen wie Alkene Additionsreaktionen ein.

Aromatische Kohlenwasserstoffe

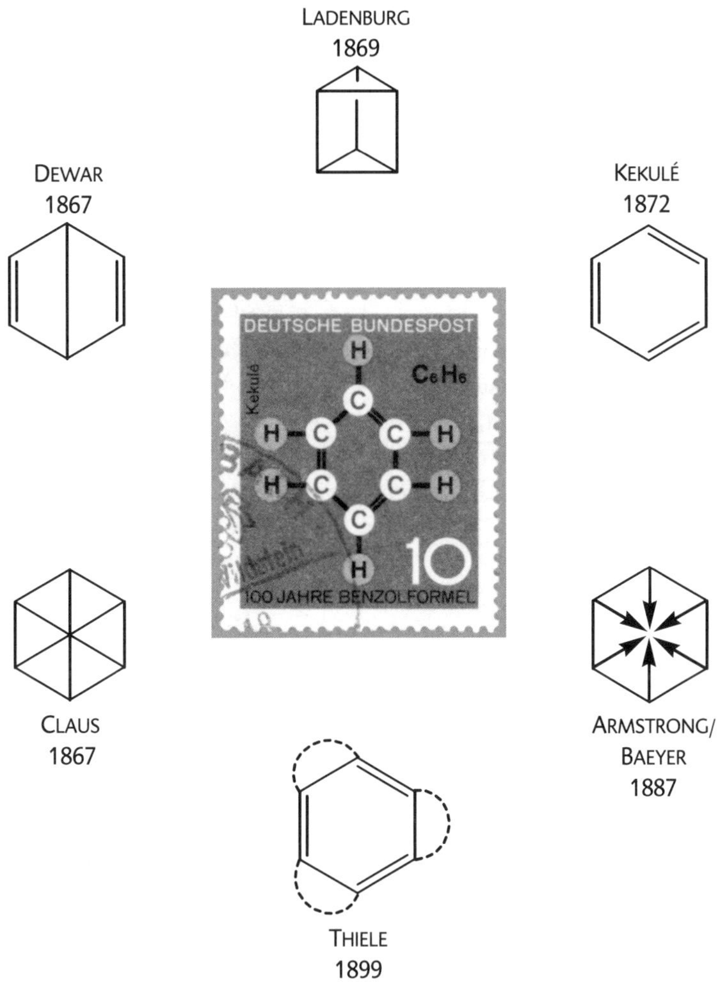

Die Struktur des Benzol-Moleküls blieb den Chemikern lange Zeit ein Rätsel. Verschiedene Analysen hatten ergeben, dass ein Benzol-Molekül aus jeweils sechs chemisch gleichwertigen Wasserstoff- und sechs chemisch gleichwertigen Kohlenstoffatomen besteht. Auf Grundlage dieser Ergebnisse wurden in der zweiten Hälfte des 19. Jahrhunderts eine Vielzahl von Vorschlägen zur Strukturformel des Benzols gemacht.

1 Benzol und der aromatische Zustand

Abb. 20: August KEKULÉ.

Als „aromatisch" bezeichnete man früher in Pflanzen vorkommende Verbindungen, die einen typischen Geruch besitzen. Da hierfür sehr oft **Benzol** und seine Derivate verantwortlich sind, wurden diese Verbindungen später als aromatisch bezeichnet.
Benzol, eine krebserregende, farblose und stark rußend brennende Flüssigkeit mit der Summenformel C_6H_6 wurde 1825 von FARADAY im Leuchtgas entdeckt. Der Name stammt von LIEBIG und leitet sich von „Benzin" – der ursprünglichen Bezeichnung – her.
KEKULÉ schlug schließlich 1872, nach seinen berühmten, angeblich 1861 im Traum gewonnenen Erkenntnissen und späteren, vertiefenden Überlegungen, eine Ringstruktur mit abwechselnden Doppel- und Einfachbindungen vor:

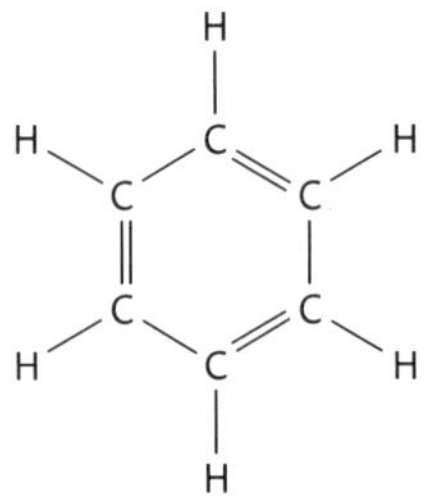

oder kürzer

Die Kekulé-Struktur hat aber ihre Tücken. Sie kann nicht korrekt sein, da

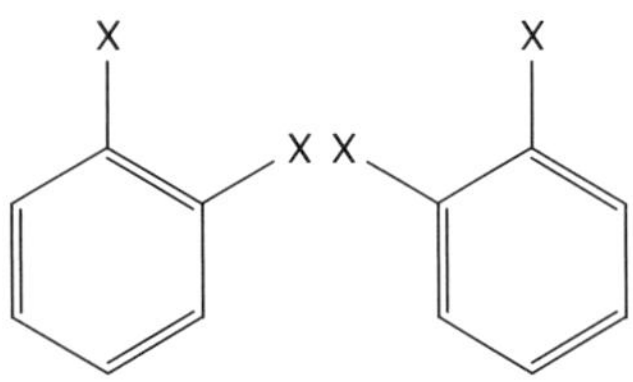

- Benzol im Gegensatz zu den Alkenen relativ **reaktionsträge** ist,
- keine Additions-, sondern **Substitutions**reaktionen stattfinden,
- es keine zwei verschiedenen, sondern nur **ein** einziges Disubstitutionsprodukt gibt,
- das Benzolmolekül ein regelmäßiges Sechseck mit **einheitlicher** C–C-Bindungslänge von 138 pm ist. Dieser Wert liegt zwischen dem einer C=C-Doppelbindung mit 134 pm und dem einer C–C-Einfachbindung mit 153 pm,
- die Hydrierungsenergie (siehe Abb. 22) **kleiner als erwartet** ist.

Das Orbitalmodell geht daher von sechs in einer Ebene liegenden sp^2-hybridisierten C-Atomen aus. Die **drei** Hybridorbitale jedes C-Atoms überlappen mit denen der beiden benachbarten C-Atome sowie **einem** s-Wasserstofforbital. Die pro C-Atom **verbliebenen** einfach besetzten **p-Orbitale** überlappen ober- und unterhalb der Hauptringebene. Die sechs zugehörigen Elektronen lassen sich keinem bestimmten C-Atom mehr zuordnen, sondern bilden ein so genanntes **delokalisiertes π-Elektronensystem**. In Abbildung 21 ist das Grundgerüst aus sp^2-Hybridorbitalen mit durchgezogenen Strichen dargestellt, nur die senkrecht zur Molekülebene stehenden einfach besetzten p-Orbitale sind eingezeichnet. Rechts erkennt man die Delokalisation durch die überlappenden p-Orbitale:

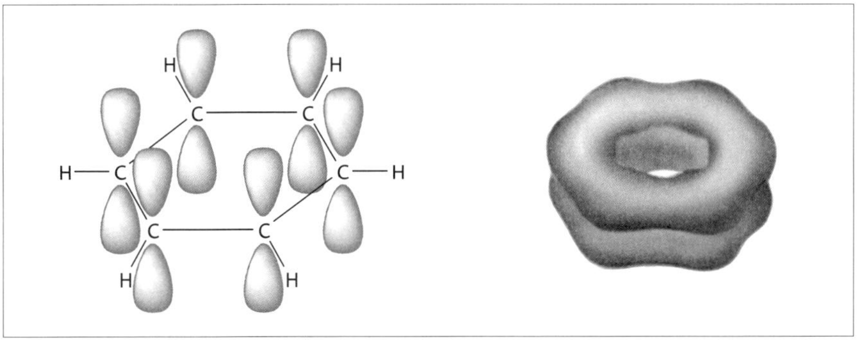

Abb. 21: Bau des Benzolmoleküls (Orbitaldarstellung; rechts Delokalisation).

Diese Bindungsverhältnisse symbolisiert man wie folgt in der Benzolformel:

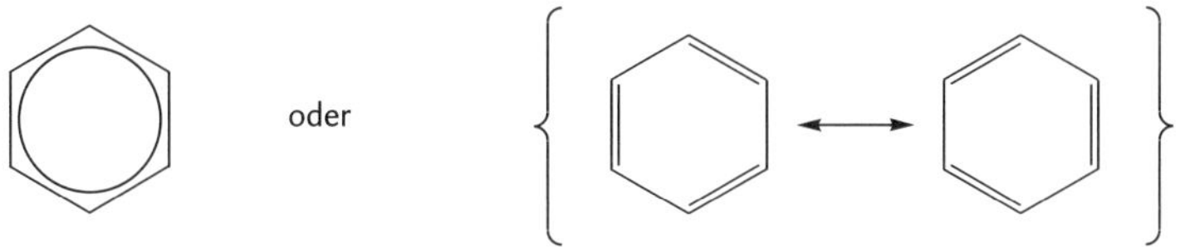

Die Darstellungsform in den geschweiften Klammern deutet die beiden nichtexistenten **Kekulé-Grenzstrukturen** an und verwendet einen so genannten **Mesomeriepfeil** (gr. *meso*: zwischen, *meros*: Teil), den man auf keinen Fall mit einem Gleichgewichtspfeil verwechseln darf.

Obwohl die Kekulé-Struktur eine falsche Strukturformel des Benzolmoleküls ist, wird sie in der chemischen Literatur gerne in vereinfachender Absicht verwendet.

Hydriert man eine C=C-Doppelbindung, so wird ein Energiebetrag von 120 kJ/mol freigesetzt. Bei der Hydrierung der Kekulé-Struktur müssten demnach 360 kJ/mol gewonnen werden, tatsächlich sind es aber nur 209 kJ/mol. Um den Differenzbetrag von (360–209) kJ/mol = 151 kJ/mol ist das Benzolmolekül also energieärmer und damit stabiler als ein hypothetisches Cyclohexatrienmolekül. Diesen Energiebetrag bezeichnet man dementsprechend als **Mesomerie(stabilisierungs)energie**.

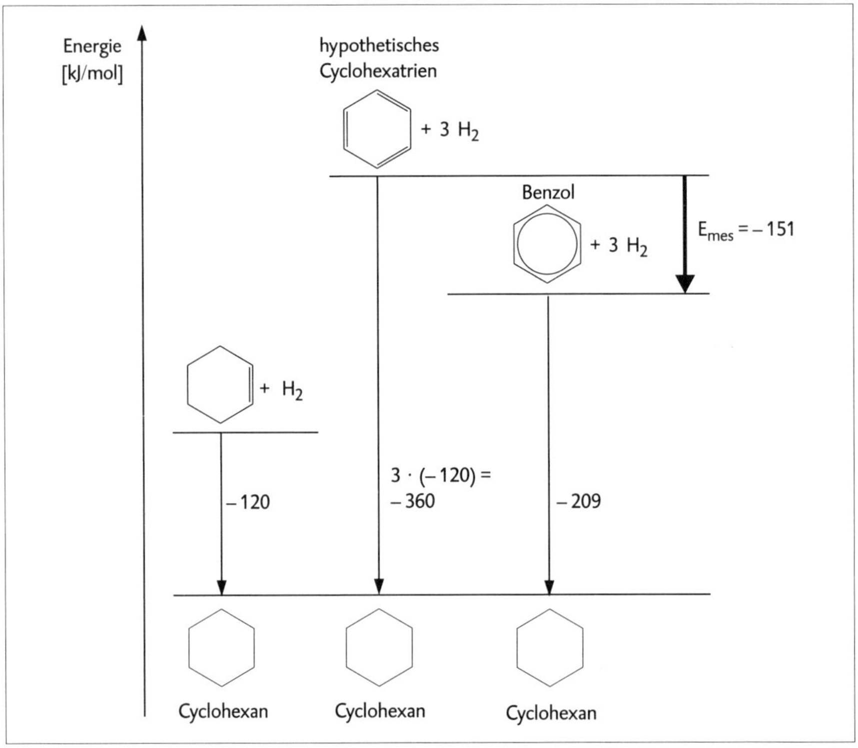

Abb. 22: Mesomerieenergie E_{mes} des Benzols.

Benzol wird beispielsweise durch das **Reformingverfahren** hergestellt. Dabei werden Schwerbenzine an einem Katalysator höheren Drucken und Temperaturen ausgesetzt und es bildet sich unter anderem aus Cyclohexan durch **Dehydrierung** Benzol. Dieses dient, wie wir sehen werden, als Ausgangsstoff zur Herstellung einer großen Palette von organischen Verbindungen.

2 Benzolderivate

2.1 Alkylbenzole

Zu den bekannten Vertretern dieser Molekülklasse gehören Toluol (Methylbenzol), die Xylole (Dimethylbenzole) sowie Styrol (Vinylbenzol). **Toluol**, eine farblose Flüssigkeit wie Benzol, ist das einfachste Alkylderivat und wird als Lösungsmittel verwendet. Man gewann es durch trockene Destillation (Erhitzen unter Luftausschluss) von **Tolubalsam**, dem Harz einer südamerikanischen Baumart. Der daraus resultierende Name Toluin wurde in Toluol abgeändert. Von den **Xylolen** existieren drei Isomere. Der Name dieser farblosen Flüssigkeiten (gr. *xylon*: Holz) stammt daher, dass man die Xylole zuerst in rohem **Holzgeist** fand, der beim Erhitzen von Holz unter Luftabschluss entsteht.

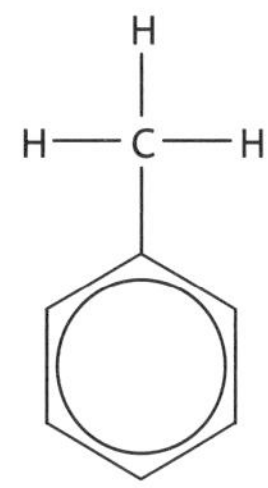

Toluol

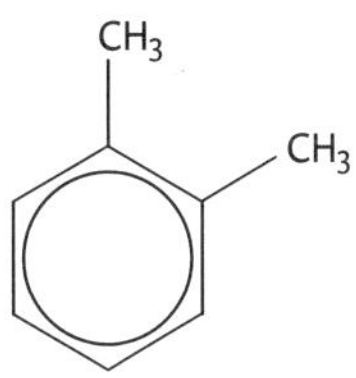

ortho-Xylol
o-Xylol
1,2-Dimethylbenzol

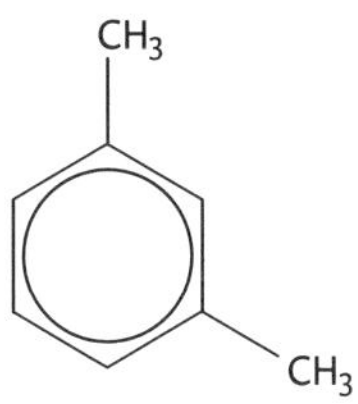

meta-Xylol
m-Xylol
1,3-Dimethylbenzol

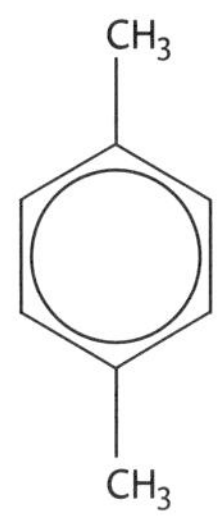

para-Xylol
p-Xylol
1,4-Dimethylbenzol

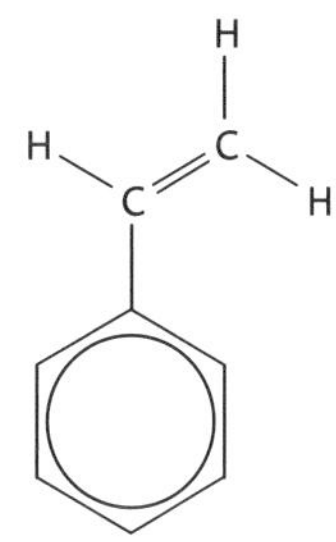

Styrol
1-Phenylethen

Styrol, flüssig und farblos, dient als Monomer für den thermoplastischen Kunststoff **Polystyrol** (PS). Styrol erhielt man erstmalig durch Erhitzen von **Styrax**, dem Holzbalsam einer mittelamerikanischen Baumart.

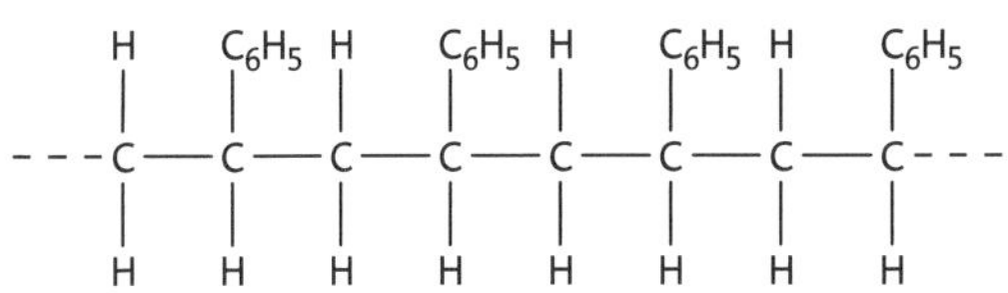

Polystyrol

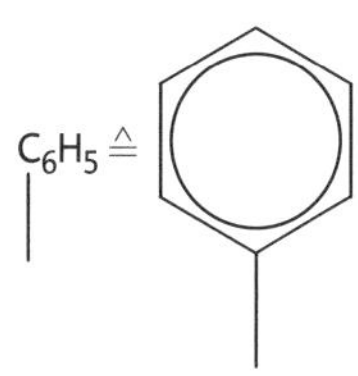

Die C_6H_5-Gruppierung steht hierbei für die so genannte **Phenylgruppe**.

2.2 Weitere aromatische Verbindungen

Nicht benzoide Verbindungen

Für aromatische Ringsysteme wie Benzol findet die 1931 aufgestellte **Hückel-Regel** Anwendung:

Konjugierte[7] **monocyclische** Kohlenwasserstoffe mit **(4n + 2) π-Elektronen** (n = 0, 1, 2, usw.) zeichnen sich durch besondere Stabilität aus und werden als aromatisch bezeichnet.

Beispiele

Für n = 0 erhalten wir 2 π-Elektronen und als Beispiel für ein aromatisches System das nebenstehende **Cyclopropenyliumkation** (hier als eine mögliche Grenzstruktur):

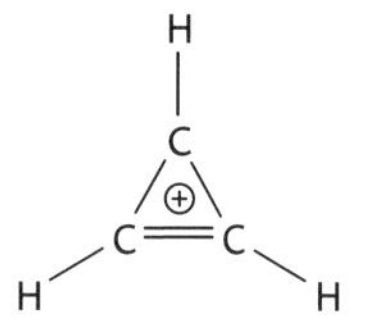

Mit dem **Cycloheptatrienyliumkation** (n = 1 mit 6 π-Elektronen) erhält man eine interessante Siebenring-Variante zum Benzol (wiederum als Grenzstruktur):

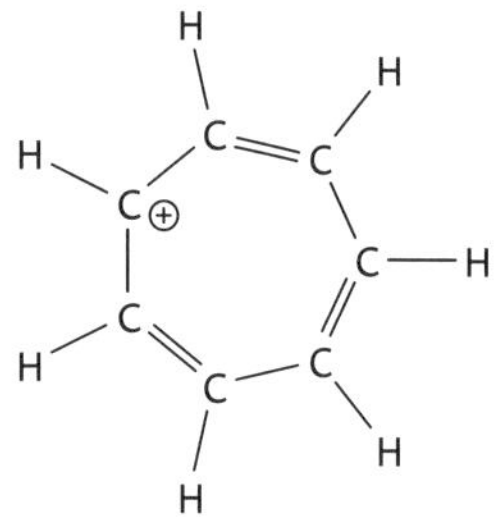

Mehrkernige aromatische Ringsysteme

Man unterscheidet nicht kondensierte, wie z. B. **Biphenyl**

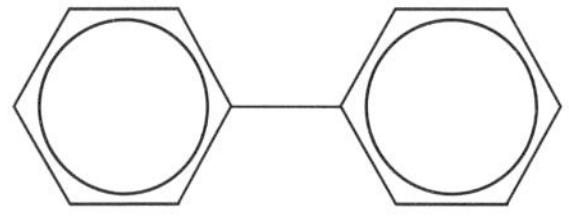

Biphenyl

und **kondensierte** Ringsysteme, d. h. mit gemeinsamen C-Atomen.
Das einfachste kondensierte aromatische Ringsystem stellt **Naphthalin** $C_{10}H_8$ dar. Die farblosen, festen Blättchen des Naphthalins besitzen einen typischen Geruch nach Mottenpulver. Der Name bezieht sich auf **Naphtha** (babylonisch

7 In **konjugierten Systemen** wechseln Einfach- und Doppelbindungen regelmäßig ab.

naptu: Erdöl), mit dem man eine bestimmte Erdölfraktion kennzeichnet. Es dient als Ausgangsstoff zur Herstellung von Farbstoffen.

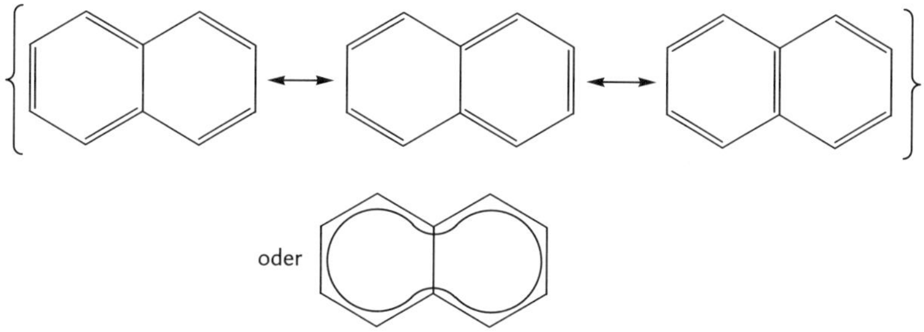

Beim Naphthalin erkennt man das Vorhandensein von 10 π-Elektronen. Daher ist es **falsch**, die nebenstehende Strukturformel anzugeben, da bei einer solchen Darstellung zweimal 6 π-Elektronen, also 12 π-Elektronen angedeutet wären. Der Einfachheit halber wird im Folgenden nur noch eine Grenzstruktur der Verbindungen angegeben.

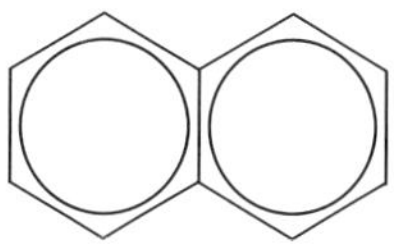

Naphthalin

Erweitert man das System linear um einen weiteren Sechsring, so kommt man zum **Anthracen**. Auch Anthracen als 14 π-Elektronensystem bildet einen farblosen Feststoff. Ein wichtiger Fundort für diese Verbindung ist der Steinkohleteer (gr. *anthrax*: Steinkohle). Diesen erhält man neben Koks beim Erhitzen von Steinkohle unter Luftabschluss. Anthracen wird wie Naphthalin zur Herstellung von Farbstoffen verwendet.

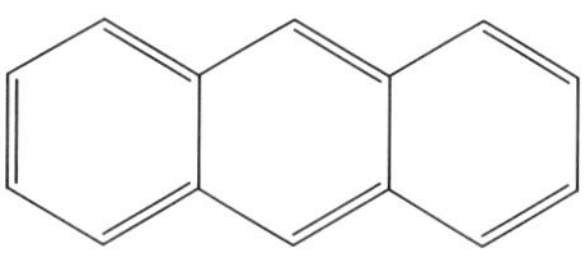

Anthracen

Durch leichte Veränderung der geometrischen Anordnung der Ringe erhält man ein zum linear annellierten (kondensierten) Anthracen isomeres Molekül, das angular annellierte **Phenanthren**. Der Name setzt sich aus „Phen" (gr., siehe Phenol) und „Anthracen" zusammen.

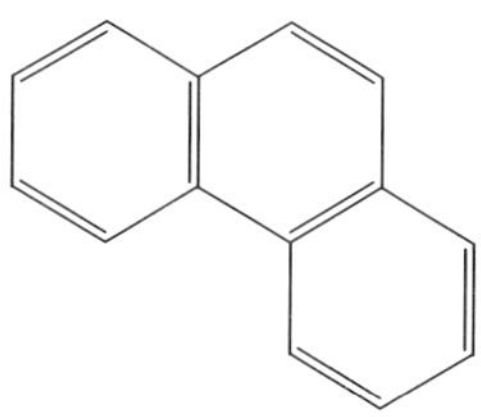

Phenanthren

Heteroaromaten

Werden ein oder mehrere Kohlenstoffatome des Ringsystems durch Fremdatome wie z. B. Stickstoff-, Sauerstoff- oder Schwefelatome ersetzt, so spricht man von **Heteroaromaten**.
Ersetzt man etwa im Benzolmolekül ein Kohlenstoff- durch ein Stickstoffatom, so erhält man **Pyridin** (gr. *pyr*: Feuer), eine unangenehm riechende Flüssigkeit. Pyridin wurde erstmalig durch Destillation von Knochen hergestellt.

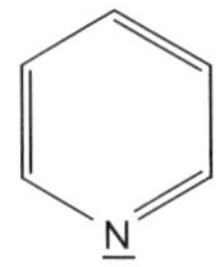

Pyridin

Da das Stickstoffatom ein Außenelektron mehr als das Kohlenstoffatom besitzt, kann man mit ihm problemlos ein aromatisches Fünfringsystem aufbauen. C_4H_5N, ein Hückel-Aromat mit 6 π-Elektronen wird als **Pyrrol** bezeichnet. Der Name leitet sich von gr. *pyrros*: feuerrot her, da die Dämpfe der Flüssigkeit einen mit Salzsäure behandelten Fichtenholzspan rot färben.

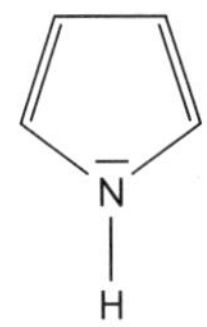

Pyrrol

Ersetzt man das Stickstoff- durch ein Sauerstoffatom, so kommt man zum flüssigen **Furan**. Man kann Furan aus einer Verbindung gewinnen, die in Kleie enthalten ist (der lateinische Namen für Kleie ist *furfur*).

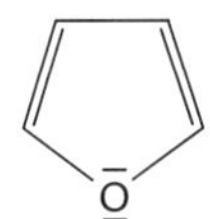

Furan

Eine Verbindung mit zwei Heteroatomen ist 2,3,7,8-**T**etra**c**hlor**d**ibenzo-p-**d**ioxin oder kurz **TCDD** (**Dioxin**); sie entsteht bei der Verbrennung chlorhaltiger Substanzen, die z. B. im Hausmüll enthalten sind. TCDD erzeugt Hautausschläge und gilt als krebserzeugend. Dioxine sind die stärksten bekannten Giftstoffe.

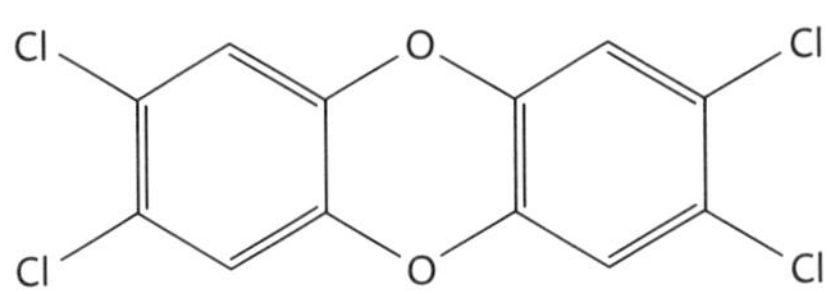

Dioxin

2.3 Phenol und Anilin

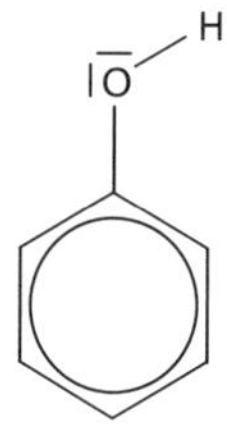

Phenol mit der Summenformel C_6H_5OH ist eine aromatische Hydroxylverbindung (vgl. S. 66). Es wird zur Herstellung von Farbstoffen sowie bei vielen organischen Synthesen verwendet. Mit *Phen* (gr. *phainein*: leuchten) wurde ursprünglich Benzol, das im Leuchtgas entdeckt wurde, bezeichnet. Die Benennung wendete man dann zusammen mit der Nachsilbe *-ol* für die OH-Gruppe (**Hydroxylgruppe**) auf die entsprechende Alkanolverbindung an. Die Silbe *Phen-* begegnete uns bereits bei der **Phenyl**gruppe und **Phen**anthren.

Eine erstaunliche Eigenschaft des farblosen, festen Phenols stellt seine saure Reaktion in Wasser dar. Vergleicht man die pK_S-Werte (siehe S. 134) von Ethanol C_2H_5OH und Phenol C_6H_5OH, so stellt man fest:

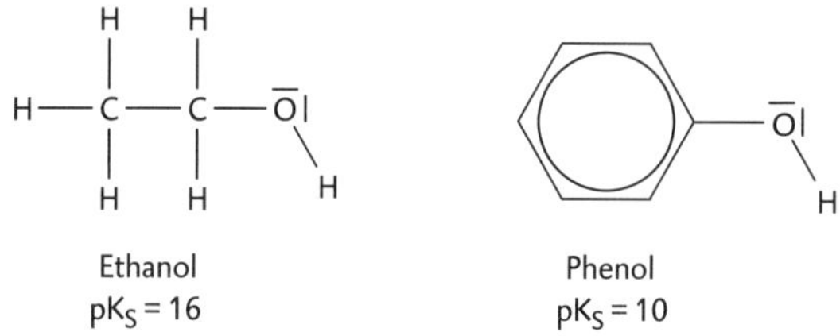

Phenol ist also eine bedeutend stärkere Säure als Ethanol. Die Erklärung dieses Sachverhaltes ist auf zwei Arten möglich: entweder über die erhöhte Tendenz des Phenolmoleküls zur Protonenabgabe oder über die verminderte Tendenz der konjugierten Base, des **Phenolatanions**, zur Protonenaufnahme.

Kommen wir zuerst zur Protonenabgabe. Stellt man die verschiedenen Grenzstrukturen des Phenols auf, so erkennt man, dass durch die Hydroxylgruppe die Elektronendichte im Ring erhöht ist. Man spricht von einem **positiven mesomeren Effekt** (+M-Effekt) der Hydroxylgruppe:

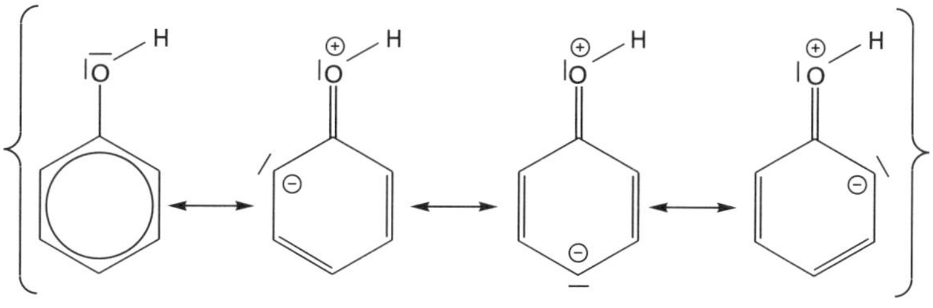

Dadurch wird die Sauerstoff-Wasserstoff-Bindung der Hydroxylgruppe noch stärker polarisiert, als sie es durch die hohe Elektronegativität des Sauerstoffatoms bereits ist, und damit die Abgabe eines Protons erleichtert.
Beim Ethanolmolekül dagegen ist die Protonenabgabe durch den +I-Effekt der Ethylgruppe erschwert (siehe S. 30).
Entsprechend verläuft die Argumentation bei der konjugierten Base, dem Phenolatanion:

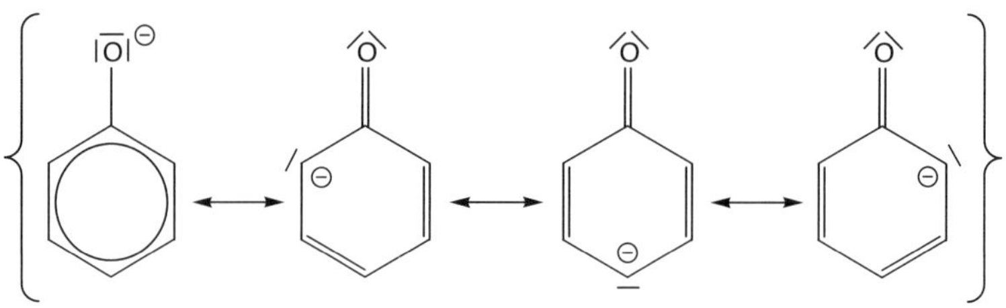

Man erkennt an den vier möglichen Grenzformeln, dass die negative Ladung des Phenolatanions über das gesamte Ringsystem delokalisiert, d. h. verteilt und somit die Fähigkeit des Sauerstoffatoms, ein Proton aufzunehmen, verringert ist.

Ein Benzolderivat mit zwei Hydroxylgruppen ist das feste **Hydrochinon**. Es wird als Entwickler in der Fotografie benutzt, da es leicht zu **p-Benzochinon** oxidiert werden kann und damit andere Stoffe wie Silbersalze reduziert (siehe S. 100).

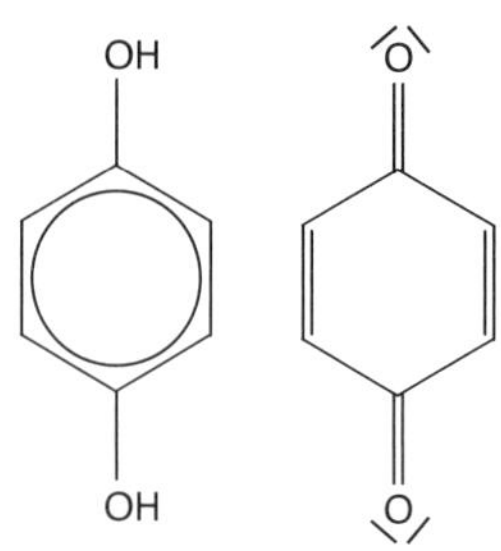

Hydrochinon p-Benzochinon

Anilin, eine farblose und giftige Flüssigkeit, die unter anderem zur Herstellung von Azofarbstoffen, Schmerzmitteln und Chemotherapeutika gegen Bakterieninfektionen dient, erhielt man erstmals als Abbauprodukt von **Indigo** (portugiesisch *anil*). Es gehört aufgrund seiner **Aminogruppe** $-NH_2$ zur Stoffgruppe der **Amine**.

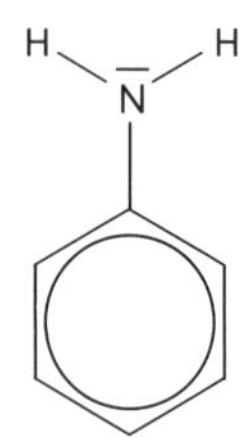

Anilin

Beim Vergleich von **Aminomethan** und **Anilin** ergibt sich eine geringere Basenstärke des Anilins:

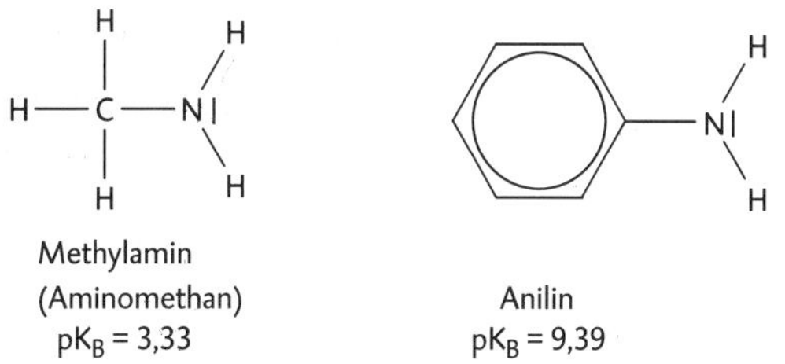

Betrachten wir zur Erklärung das Anilinmolekül. Die Aminogruppe übt wie die Hydroxylgruppe einen positiven mesomeren Effekt aus:

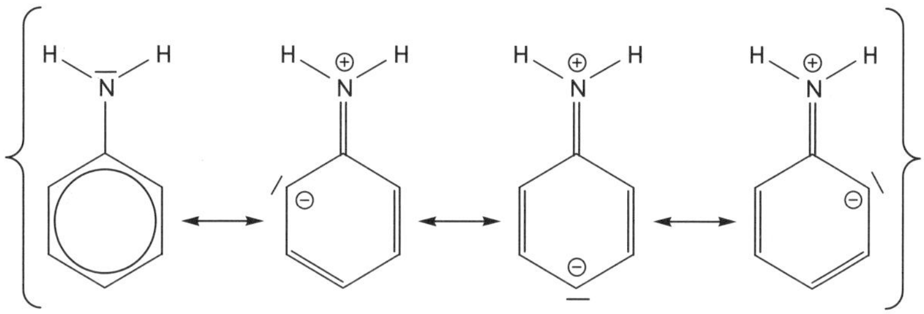

Dadurch wird die Elektronendichte am Stickstoffatom erniedrigt, die Basenstärke des Anilins ist gegenüber der des Aminomethans reduziert.
Methyliert man die Aminogruppe, so stellt man eine gegenüber Anilin erhöhte Basenstärke der Reaktionsprodukte fest:

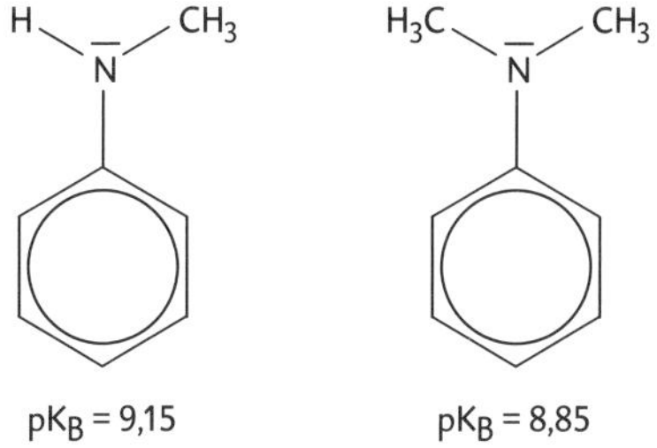

Dies wird auf eine elektronenschiebende Wirkung (+I-Effekt) der Methylgruppen zurückgeführt, die die Elektronendichte am Stickstoffatom erhöht und damit die Anlagerung eines Protons erleichtert.

3 Reaktionen der Aromaten

3.1 Einfache elektrophile Substitution

Bei Aromaten findet man keine Reaktionen vom Typ der elektrophilen Addition wie bei Alkenen, sondern **elektrophile Substitutionen**. Betrachten wir den Mechanismus am Beispiel der Chlorierung von Benzol zu flüssigem **Chlorbenzol**.

Halogenierung von Benzol

Im ersten Schritt nähert sich ein Chlormolekül dem elektronenreichen Benzolring und bildet mit dem π-Elektronensystem, katalysiert von Eisen(III)-chlorid, den so genannten **π-Komplex** als Übergangszustand:

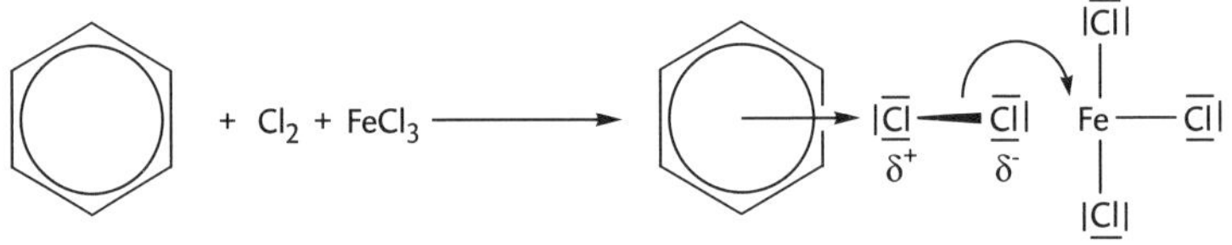

π-Komplex

Die Symbolik mit dem aus dem Benzolmolekül austretenden Pfeil deutet an, dass in diesem Übergangszustand die Bindung zwischen den Chloratomen noch nicht endgültig gelöst und die Bindung zwischen dem linken Chloratom und einem Kohlenstoffatom des Benzolmoleküls noch nicht endgültig ausgebildet ist.

Im nächsten Schritt entsteht aus dem π-Komplex der **σ-Komplex**, der als Zwischenprodukt stofflich fassbar ist. Der σ-Komplex ist hier in einer Grenzstruktur dargestellt:

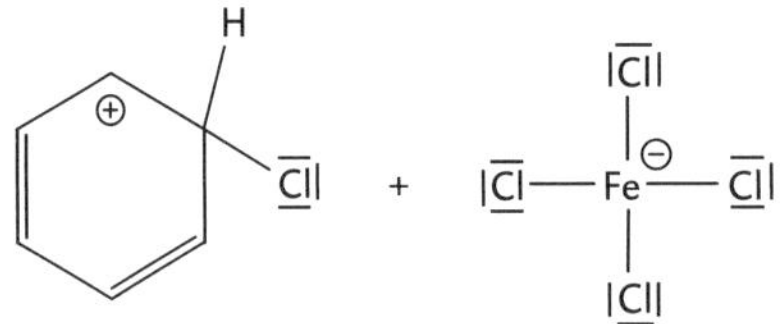

σ-Komplex

Im letzten Schritt bildet sich über einen zweiten Übergangszustand ohne besonderen Namen die endgültigen Produkte Chlorbenzol und Chlorwasserstoff:

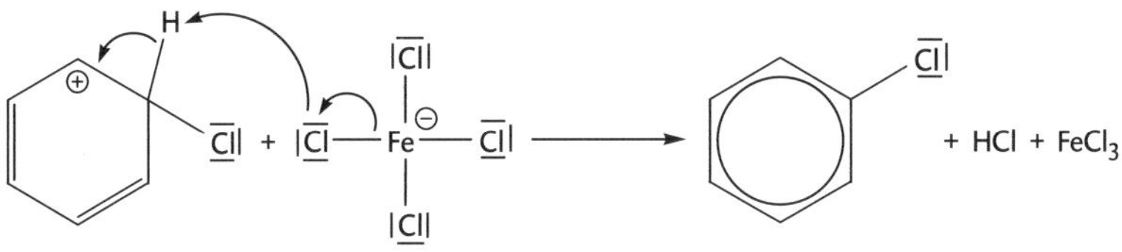

Im Energiediagramm stellt sich die Halogenierung von Benzol folgendermaßen dar, wobei hier der Reaktionsverlauf für die sehr ähnlich ablaufende Bromierung gezeigt ist:

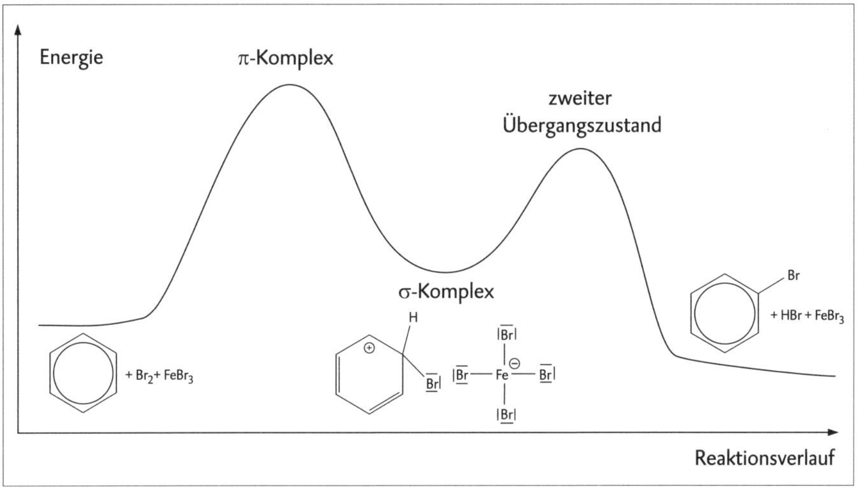

Abb. 23: Energiediagramm der Halogenierung von Benzol.

Der „Energiebuckel“ zwischen den Ausgangsstoffen und dem π-Komplex bestimmt als Aktivierungsenergie die Geschwindigkeit des ersten Reaktionsschrittes. Er hat keinen Einfluss auf die Lage des Gleichgewichtes zwischen Ausgangsstoffen und σ-Komplex. Diese Überlegungen spielen bei der mehrfachen Substitution eine wichtige Rolle (siehe S. 58).

Alkylierung von Benzol

Zur Herstellung von Toluol dient die **Friedel-Crafts-Alkylierung**.
Dabei reagiert z. B. ein Halogenmethan mit Benzol unter Bildung eines π-Komplexes. Aus dem σ-Komplex spaltet sich unter Mitwirkung des Katalysators ein Proton ab und es entsteht Toluol:

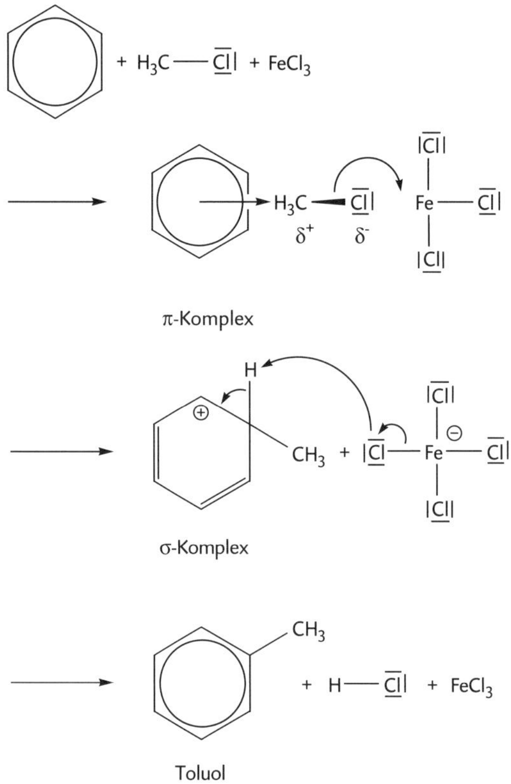

Nitrierung von Benzol

Bei der **Nitrierung** setzt man **Nitriersäure**, ein Gemisch aus konzentrierter Salpeter-(HNO_3) und Schwefelsäure (H_2SO_4) ein, wobei sich zunächst als Elektrophil das **Nitryl-Kation** (Nitronium-Ion) NO_2^+ bildet:

$$HNO_3 + H_2SO_4 \longrightarrow H_2NO_3^+ + HSO_4^-$$

$$H_2NO_3^+ \longrightarrow H_2O + NO_2^+$$

Dieses Kation greift das Benzolmolekül elektrophil an:

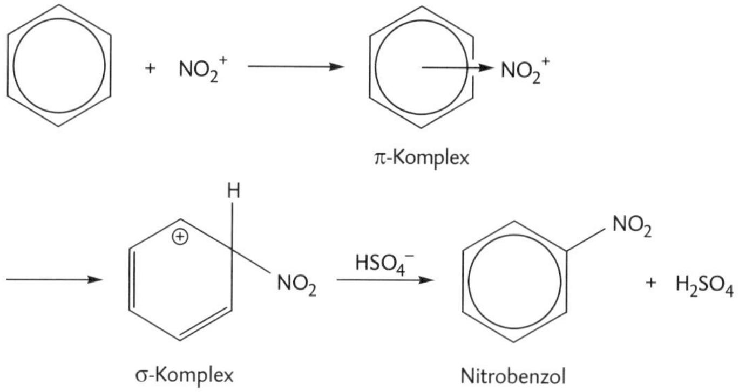

Durch **Reduktion** des gelblichen, flüssigen Nitrobenzols erhält man Anilin (siehe S. 52).

Sulfonierung von Benzol

Bei der **Sulfonierung** kann man **rauchende Schwefelsäure** einsetzen, die überschüssiges Schwefeltrioxid SO_3 enthält.
Der Benzolring greift das Schwefeltrioxidmolekül an. Im σ-Komplex lagert sich das Proton intramolekular zur Benzolsulfonsäure um:

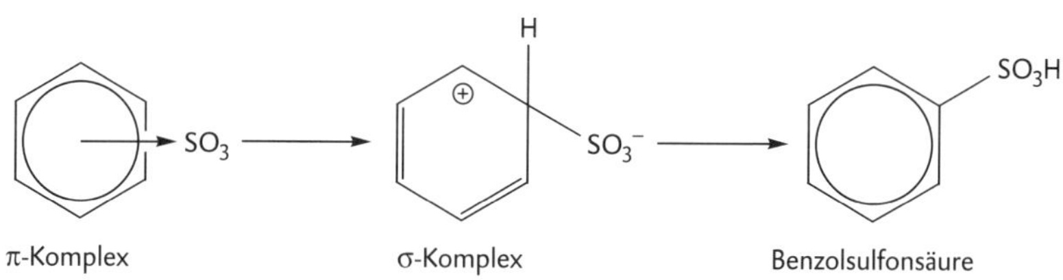

Die alkylierten Natriumsalze der festen **Benzolsulfonsäure** werden als **waschaktive** Substanzen eingesetzt, da sie in hartem Wasser, welches v.a. viele Ca^{2+}-Ionen enthält, im Gegensatz zu Seifen löslich bleiben.

3.2 Mehrfache Substitution

Führt man mit Benzol und Toluol eine Substitution durch, so stellt man fest, dass Toluol bedeutend rascher als Benzol reagiert. Dies ist mit dem +I-Effekt der Methylgruppe im Toluol erklärbar, der zu einer **Erhöhung der Elektronendichte** im Ring führt und damit den **elektrophilen Angriff erleichtert**. Auch bei Phenol oder Anilin findet man eine schnellere Umsetzung als bei unsubstituiertem Benzol. Zwar besitzen Hydroxyl-(–OH) und Aminogruppe ($-NH_2$) auch einen –I-Effekt, der aber vom positiven mesomeren Effekt der beiden funktionellen Gruppen überwogen wird.
Im Gegensatz dazu führen eine Nitro-($-NO_2$) oder Aldehydgruppe (–CHO) zu einer Verlangsamung der Zweitsubstitution. Betrachten wir dazu zunächst die Situation bei Nitrobenzol:

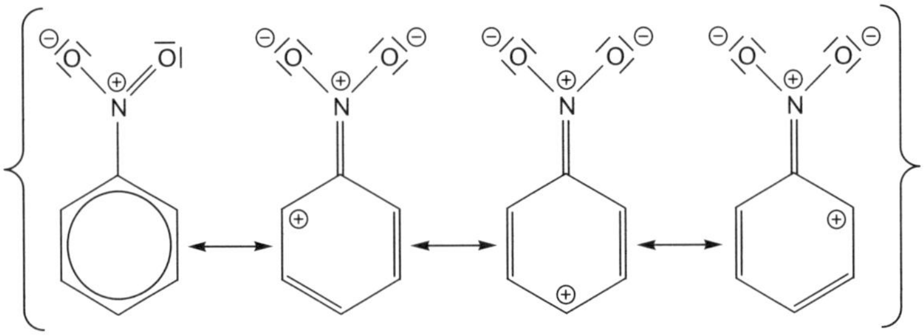

Vergleichbar sieht es bei der Alkanalverbindung Benzaldehyd aus:

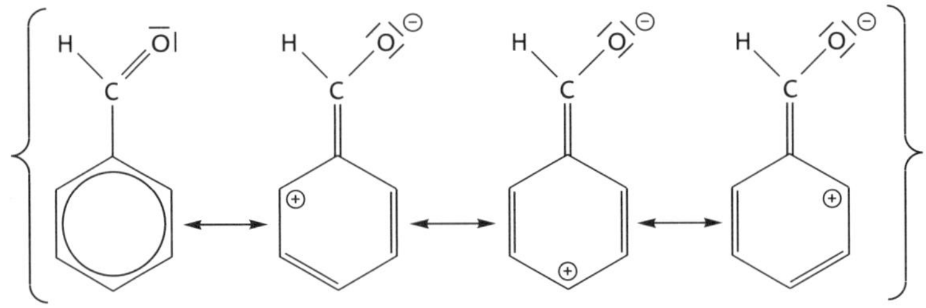

Der **negative mesomere Effekt** beider Gruppen führt zu einer **Erniedrigung der Elektronendichte** im Ring und damit zu einer **Erschwerung der Zweitsubstitution**.
Der Erstsubstituent beeinflusst nicht nur die Reaktivität bei der Zweitsubstitution sondern auch die „Andockstelle“ des Zweitsubstituenten. Zur näheren Untersuchung ist zunächst eine Bemerkung voranzuschicken. Die Geschwindigkeit einer chemischen Reaktion ist, wie bereits angedeutet, von der Größe

der Aktivierungsenergie des betreffenden Reaktionsweges abhängig. Für theoretische Überlegungen bei elektrophilen Substitutionen an Aromaten müsste daher der erste Übergangszustand oder π-Komplex herangezogen werden. Leider lassen sich über ihn in den meisten Fällen keine verlässlichen Aussagen machen. Nach dem **Postulat von Hammond** aus dem Jahr 1955 kann man jedoch den benachbarten σ-Komplex für Voraussagen heranziehen:

Jeder Faktor, der den σ-Komplex stabilisiert, **erniedrigt** die Aktivierungsenergie der betreffenden Reaktion und sorgt für eine **schnellere Bildung** der Produktmoleküle. Wartet man also nicht die Einstellung des chemischen Gleichgewichts ab, haben somit den σ-Komplex **stabilisierende Faktoren** direkt Einfluss auf die Produktausbeute einer chemischen Reaktion.

Das Ganze lässt sich in einem Energiediagramm veranschaulichen:

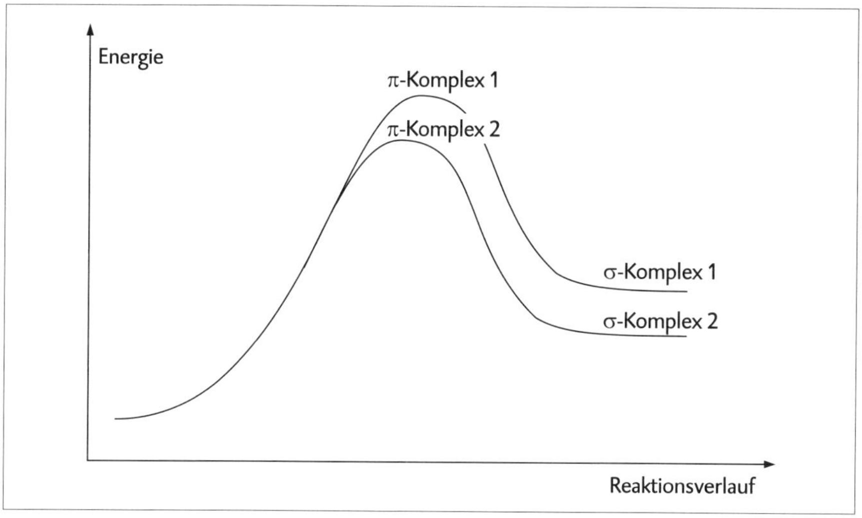

Abb. 24: Energetischer Zusammenhang zwischen π- und σ-Komplex.

Der stabilere π-Komplex 2 erklärt sich aus einem energetisch stabileren σ-Komplex 2 und ermöglicht damit eine gegenüber dem σ-Komplex 1 höhere Reaktionsgeschwindigkeit.

Betrachten wir beispielsweise die Chlorierung von Phenol. Der Zweitsubstituent in **ortho-Stellung** ergibt folgende Grenzstrukturen für den σ-Komplex:

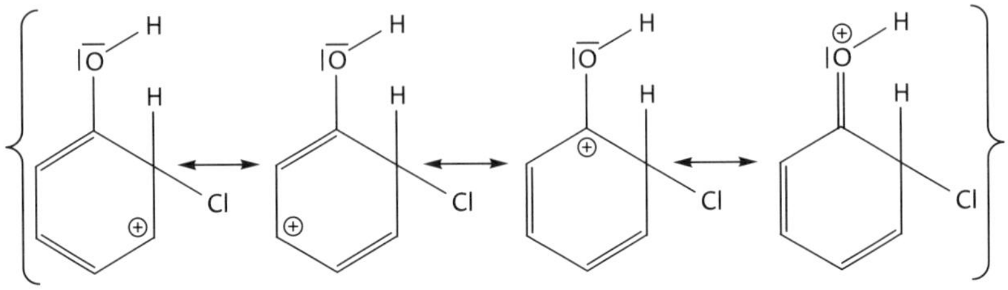

In **para-Stellung** ergibt sich ein ähnliches Bild:

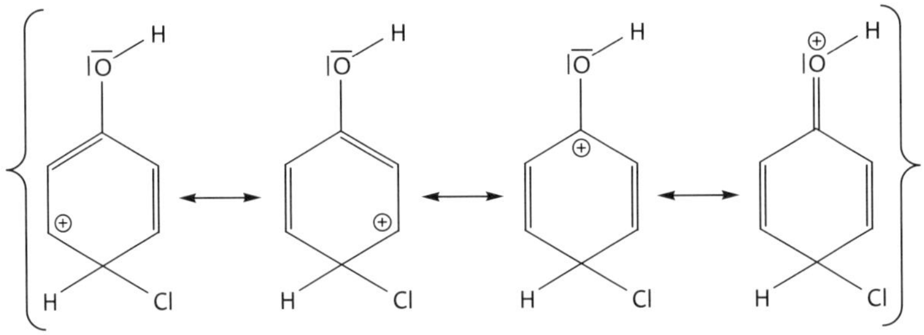

Der Zweitsubstituent in **meta-Stellung** führt zu einer geringeren Anzahl energetisch gleichwertiger Grenzstrukturen:

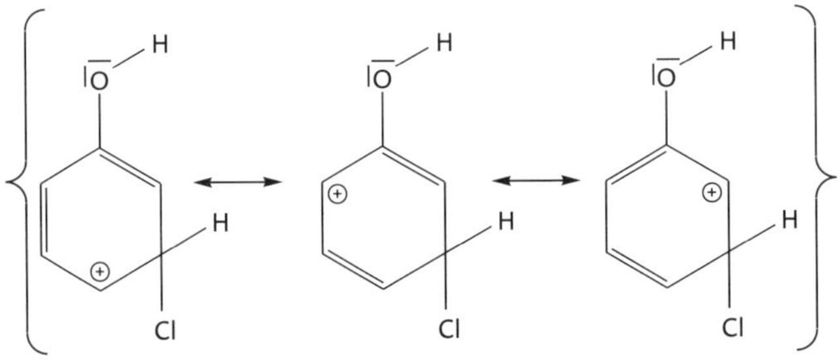

Offensichtlich ist der σ-Komplex im letzteren Fall (und nach HAMMOND auch der zugehörige π-Komplex) energetisch gegenüber den beiden anderen benachteiligt, wird also nicht so schnell gebildet, sodass man im Produktgemisch überwiegend (aber nicht ausschließlich) ortho- und para-Chlorphenol findet.

Im Falle der deaktivierenden Substituenten kehrt sich das Bild um. Hier ist der σ-Komplex mit dem Zweitsubstituenten in meta-Stellung energetisch im Vorteil und führt somit zu einem Überschuss des meta-Produktes.
Bemerkenswert verhalten sich Halogenatome. Sie deaktivieren aufgrund ihres –I-Effektes die weitere Substitution, dirigieren aber trotzdem vornehmlich in ortho- und para-Stellung.
Bei der **Halogenierung** von Benzolderivaten mit einer Alkylgruppe (z. B. Toluol) kann man als Konkurrenzreaktion zur elektrophilen Substitution am Ring eine radikalische Substitution beobachten. Dabei stellt man fest, dass erhöhte Temperatur (**S**iedehitze) und Lichtbestrahlung (**S**onnenlicht) zu einer Substitution an der **S**eitenkette führt (**SSS-Regel**):

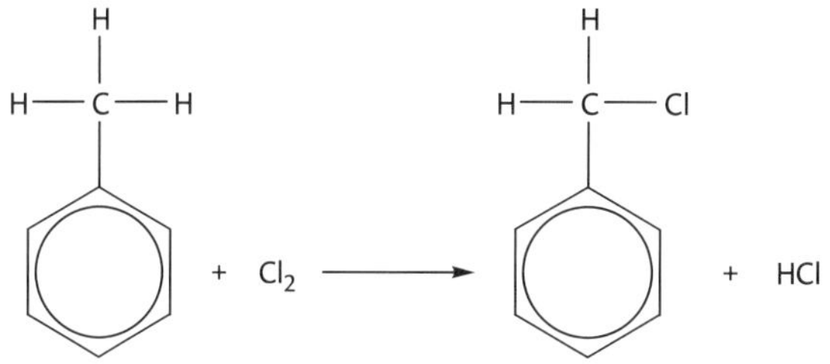

Der Einsatz eines **K**atalysators (z. B. $FeCl_3$) bei relativ niedrigen Temperaturen (**K**älte) bewirkt dagegen eine Substitution am Benzol**k**ern (**KKK-Regel**):

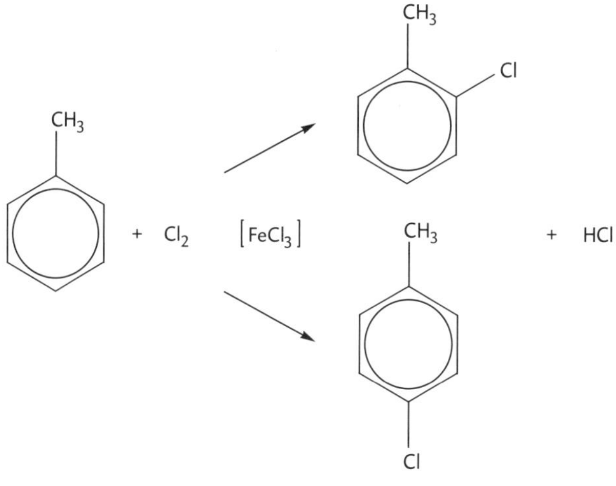

Zusammenfassung

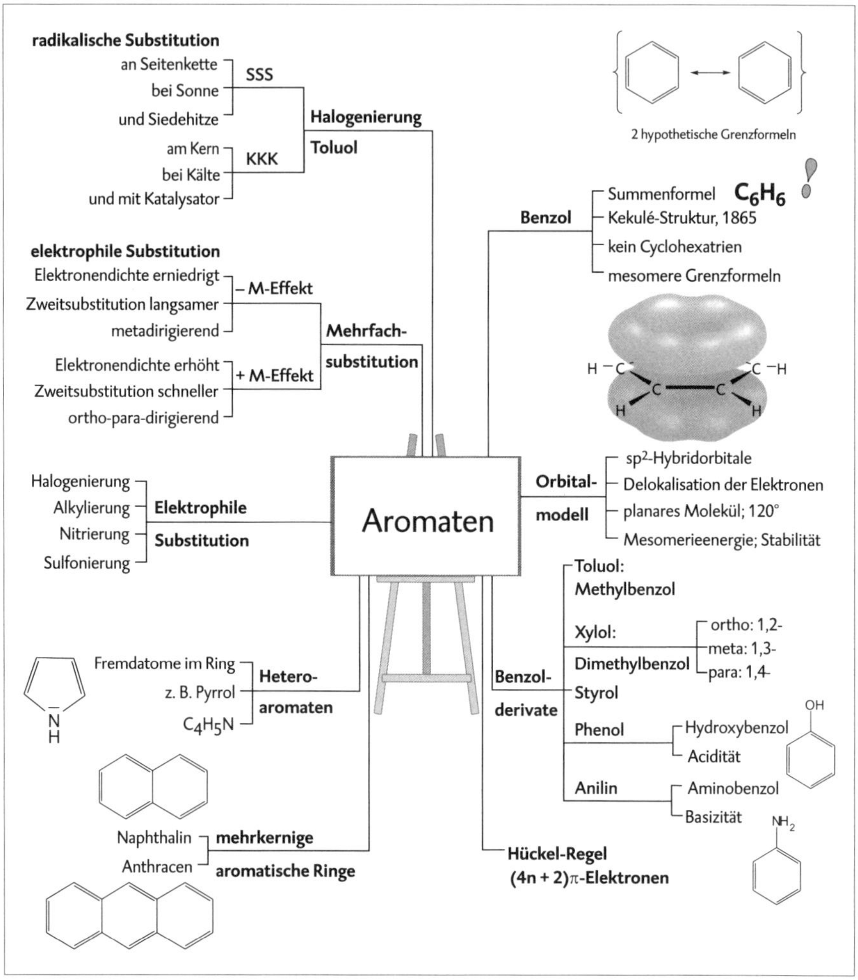

- **Benzol** C_6H_6 ist das „Paradebeispiel" für ein Molekül mit delokalisiertem π-Elektronensystem. Dieses führt zu einer energetischen Stabilisierung des Benzolmoleküls gegenüber den – nicht existenten – Kekulé-Grenzstrukturen.
- Unter den Benzol**abkömmlingen** findet man die Alkylbenzole, etwa Toluol, nicht benzoide Aromaten, mehrkernige aromatische Ringsysteme wie Naphthalin, Heteroaromaten oder Hydroxy- bzw. Aminoderivate wie Phenol bzw. Anilin. Durch das aromatische Ringsystem bedingt, stellt Phenol eine stärkere Säure als die entsprechenden Alkohole, Anilin eine gegenüber Aminoalkanen schwächere Base dar.
- Aromaten zeigen als Reaktionstyp die **elektrophile Substitution**, darunter die Halogenierungen, die Alkylierung, die Nitrierung und die Sulfonierung. Erstsubstituenten wie die **OH-, NH_2-, O^--** und **Alkyl**gruppe **beschleunigen** eine Zweitsubstitution und dirigieren den nächsten Substituenten in **ortho-** oder **para-**Stellung. Erstsubstituenten wie die **NO_2-, NH_4^+-, SO_3H-**(Sulfonsäuregruppe), **CHO-** und **COOH-**Gruppe **verlangsamen** eine Zweitsubstitution und dirigieren den nächsten Substituenten in **meta-**Stellung.
- Hohe Temperaturen und Lichtbestrahlung führen bei Alkylbenzolen zur Halogenierung an der Seitenkette (SSS-Regel). Bei niedrigen Temperaturen und bei Anwesenheit eines Katalysators erfolgt die Halogenierung am Kern (KKK-Regel).

Alkanole

Seit Jahrtausenden nutzen nahezu alle Kulturvölker die durch Hefepilze verursachten Gärungsprozesse, die Frucht- und Traubenzucker zu Ethanol und Kohlenstoffdioxid abbauen. Wein wurde schon im 4. Jt. v. Chr. in den Hochkulturen des Vorderen Orient hergestellt.

1 Homologe Reihe und Nomenklatur

Alkanole (Alkohole) sind **Hydroxyderivate** der Alkane. Ihre Namen werden aus dem Namen des entsprechenden Kohlenwasserstoffs durch Anhängen des Suffixes *-ol* gebildet. Funktionelle Gruppe der Alkanole ist die **Hydroxylgruppe (OH-Gruppe)**, die mit ihrem ausgeprägt **polaren Charakter** die Eigenschaften und das Reaktionsverhalten der Stoffe in entscheidender Weise bestimmt. Auch die Alkanole bilden eine **homologe Reihe**, deren erste Glieder sind:

Name	Halbstrukturformel
Methanol (Methylalkohol)	CH_3-OH
Ethanol (Ethylalkohol)	CH_3-CH_2-OH
1-Propanol (Propylalkohol)	$CH_3-CH_2-CH_2-OH$
1-Butanol (Butylalkohol)	$CH_3-CH_2-CH_2-CH_2-OH$

Tab. 6: Die ersten Glieder der homologen Reihe der Alkanole.

Die Molekülformeln dieser und der weiteren Alkanole lassen sich aus der **allgemeinen Formel $C_nH_{2n+1}OH$** für die Stoffklasse ableiten, wobei die Hydroxylgruppe ab Propanol endständig (1-Propanol oder auch Propan-1-ol) oder mittelständig (2-Propanol oder Propan-2-ol) sein kann, es tritt hier also das Phänomen der **Isomerie** auf.
Neben einer solchen Klassifizierung der Alkanole nach der **Stellung** ihrer charakteristischen Gruppe (primäre, sekundäre und tertiäre Alkanole, siehe S. 72 f.) ist die Einteilung nach der **Anzahl** der Hydroxylgruppen im Molekül von Bedeutung. Zunächst einmal sollen aber diejenigen Alkanole betrachtet werden, deren Moleküle nur **eine** Hydroxylgruppe besitzen. Sie werden als **einwertige** Alkanole bezeichnet.

2 Einwertige Alkanole

2.1 Ethanol

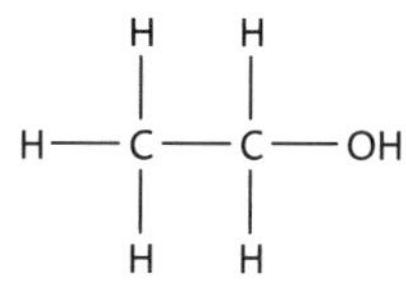

Ethanol

Der bedeutendste einwertige Alkohol ist **Ethanol** (auch: Ethylalkohol oder „Weingeist"). Diesen Alkohol kennen wir vor allem als Inhaltsstoff diverser alkoholischer Getränke wie Bier, Wein, Sekt, Sherry, Cognac, Wodka, Rum und Whiskey.
Alkoholika enthalten Ethanol in sehr verschiedenen Konzentrationen. So sind in Bier ca. 5 Vol-%, in Wein ca. 10 Vol-%, in Likör ca. 30 Vol-%, und in Weinbrand ca. 40 Vol-% Ethanol enthalten. Hochprozentige alkoholische Getränke mit mehr als 50 Vol-% Alkoholgehalt sind brennbar; so können Speisen wie Früchte oder Eis zur Geschmacksverfeinerung z. B. mit Weinbrand übergossen und angezündet („flambiert") werden.
Auch der bekannte **Brennspiritus** ist hochprozentiger Alkohol, der allerdings durch Vergällen als Genussmittel unbrauchbar gemacht wird.
Die im Alltag gebräuchliche, wenn auch wenig exakte Bezeichnung „Alkohol" für den Ethanol, bzw. die Namengebung „Alkohole" für die gesamte chemische Stoffklasse der Alkanole hat ihre Wurzel im Arabischen (arab. *alcool*: das Feine).
Die Zubereitung von alkoholischen Getränke ist eine jahrtausendalte Kulturtechnik. So stellten die Sumerer bereits vor mehr als 5 000 Jahren Bier her, die Germanen bereiteten aus Honig ihren Met (gegorener Honigsaft) und die Griechen und Römer gewannen Wein aus Traubensaft.
Ausgangsstoff für die **Bereitung alkoholischer Getränke** sind traubenzuckerhaltige Lösungen. Traubenzucker (Glucose) kommt im Saft der Weintrauben, aber auch in vielen anderen Fruchtsäften wie in Apfel-, Kirsch- oder Pflaumensaft vor. Einzellige **Hefepilze** sind in der Lage, Traubenzucker im **anaeroben Milieu**, d. h. unter Sauerstoffausschluss zu Alkohol und Kohlenstoffdioxid zu vergären.
Für den Stoffwechselprozess der **alkoholischen Gärung** lässt sich die folgende Bilanzgleichung angeben:

$$C_6H_{12}O_6\,(aq) \xrightarrow{\text{Enzyme der Hefepilze}} 2\ CH_3CH_2OH\,(aq) + 2\ CO_2\,(g)$$

Die Tatsache, dass auch stärkehaltige Pflanzenteile wie Gerste (bei der **Bierherstellung)** zur Bereitung alkoholischer Getränke geeignet sind, beruht darauf, dass Stärke enzymatisch zu Traubenzucker abgebaut werden kann. Das Enzym

Diastase in keimender Gerste (Gerstenmalz) spaltet den Vielfachzucker Stärke in den Doppelzucker Maltose. Ein Enzym der Hefezellen, die Maltase, kann den Doppelzucker Maltose (Malzzucker) zum Einfachzucker Glucose (Traubenzucker) spalten.

Abb. 25: Kupferne Sudpfannen in einer Brauerei.

Der Gärvorgang lässt sich anhand der Kohlenstoffdioxid-Entwicklung verfolgen. Das Gärgefäß, z. B. für den gärenden Traubensaft, darf nicht fest verschlossen sein, denn durch den entstehenden Überdruck könnte es bersten.
Bei der Verwendung von Bäckerhefe für die **Bereitung von Brotteig** läuft ebenfalls die alkoholische Gärung ab, der beim Brotbacken entstehende Alkohol verdampft allerdings während des Backvorgangs. Das entstehende Kohlenstoffdioxid lässt den Teig „aufgehen“, es macht ihn damit locker. Dazu stellt man den Teig an einen warmen Ort, da in der Wärme die Stoffwechselprozesse der Hefezellen beschleunigt ablaufen.
Die Herstellung von **hochprozentigen alkoholischen Getränken** ist durch Gärung allein nicht möglich, denn die Hefepilze sterben bei einem Alkoholgehalt von ca. 15 Vol-% an einer von ihnen selbst verursachten „Umweltvergiftung“. Höhere Alkoholkonzentrationen wie im so genannten „Spiritus“ erreicht man durch das „Brennen“, ein **Destillationsverfahren**, das es z. B. er-

möglicht, Branntwein aus Wein zu gewinnen. Der Alkoholgehalt im Destillat beträgt dabei maximal 96 %, die restlichen 4 % sind immer noch Wasser. Reinen, **„absoluten" Alkohol** erhält man erst, wenn man den 96 %-igen Alkohol mit einem hygroskopischen (wasserentziehenden) Mittel wie Calciumoxid versetzt und anschließend nochmals destilliert.
Wird der Alkohol nicht zu Spirituosen weiterverarbeitet, so werden ihm häufig übelriechende, schwer abtrennbare Stoffe zugesetzt, die ihn ungenießbar machen (**„Vergällung"**). Ethanol etwa wird so zu Brennspiritus, womit beim Verkauf die hohe Alkoholsteuer entfällt.
Für industrielle Zwecke wird Ethanol nicht biotechnisch – also durch Gärung zuckerhaltiger Säfte – sondern großtechnisch durch Addition von Wasser an den ungesättigten Kohlenwasserstoff Ethen synthetisiert. Diese Reaktion wird durch Schwefelsäure katalysiert (siehe S. 31):

$$H_2C{=}CH_2 + H_2O \xrightarrow{\text{Schwefelsäure}} H_3C{-}CH_2{-}OH$$

Etwa 80 % des in der Bundesrepublik erzeugten Ethanols gelangen in die Industrie und dienen somit nicht als Genussmittel. Ethanol ist ein wichtiges Lösungsmittel für Harze, Lacke und Farbstoffe z. B. in Filzschreibern. Er dient ferner zum Auflösen der Wirkstoffe in Arzneimitteln z. B. von Kräuterextrakten, als Reinigungs-, Desinfektions- und Konservierungsmittel, da er Bakterien und Pilze abzutöten vermag, sowie zur Herstellung von Kosmetika wie Rasierwasser, Mundwasser und Parfüm. In Thermometern kann blau oder rot gefärbter Ethanol außerdem das gefährliche Quecksilber ersetzen.
Ethanol ist ein starkes **Gift**[8] und zudem die wichtigste „Alltagsdroge" unserer Zivilisation. Alkoholkonsum stellt in Deutschland die **Unfallursache Nr. 1** im Straßenverkehr dar. Der Genuss mäßiger Mengen alkoholischer Getränke hebt die Stimmung, bei größeren Alkoholmengen kommt es zu einem „Rausch" und schon bei 0,5 ‰ Blutalkoholgehalt[9] ist das **Unfallrisiko** verdreifacht, da einerseits das Reaktionsvermögen ab- und anderseits die Risikobereitschaft zunimmt. Bei 1,5 ‰ ist das Risiko für einen Unfall mit Personenschaden auf das 16-fache erhöht, der Verkehrsteilnehmer gilt als absolut fahruntüchtig. Auftretendes „Lallen" ist ein Symptom für die Störung des Sprachzentrums in der Großhirnrinde, „Torkeln" ein Anzeichen für eine gestörte Bewegungskoordination im Kleinhirn. Bei noch höheren Alkohol-Blutwerten kommt es zum „Filmriss" (Gedächtnisverlust), bei 3 ‰ ist in der Regel das Stadium der abso-

8 Die **letale Dosis** für ein 6-jähriges Kind liegt bei 30 Gramm Ethanol.
9 Einheit: 1 ‰ bedeutet 1 ml reiner Alkohol in 1 000 ml Blut.

luten Hilflosigkeit erreicht und es droht der Tod durch Atemstillstand oder Herzversagen (Koma).
Alkohol schädigt bei **Dauerkonsum** alle Organe. Besonders betroffen sind die Leber als Entgiftungszentrale, die Nieren, das Herz, der Magen, die Geschlechtsorgane und das Gehirn, wo sich Schädigungen in Konzentrations- und Gedächtnisstörungen äußern, da jeder Rausch mehrere Millionen Gehirnzellen zerstört. In besonderem Maße gefährdet in seiner Entwicklung ist auch der Embryo bei Alkoholmissbrauch der Mutter während der Schwangerschaft.
Da Alkohol eine **Droge** ist, macht er abhängig und führt schließlich zum Krankheitsbild „Alkoholismus". Der Alkoholkranke steht unter einem inneren Wiederholungszwang zum Konsum; er fühlt sich ohne die Wirkung der Droge verloren und leer (seelische oder psychische Abhängigkeit) und zeigt bei Alkoholentzug quälende Entzugserscheinungen wie Schweißausbrüche, Halluzinationen und Händezittern (körperliche oder physische Abhängigkeit). Alkoholsüchtige sind krank; nur eine Entziehungskur kann ihnen helfen, wobei die Patienten im Anschluss an den Entzug absolut abstinent („trocken“) bleiben müssen und lebenslang rückfallgefährdet sind: „Die Sucht schläft nur.“

2.2 Methanol

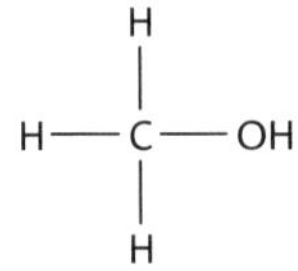

Methanol

Der am einfachsten gebaute Alkohol ist **Methanol** oder Methylalkohol (auch: „Holzgeist“). Methanol ist das Hydroxyderivat des Methans.
Methanol ähnelt in Geruch und Geschmack dem Ethanol, doch ist dieses erste Glied der homologen Reihe der Alkohole ein viel stärkeres Gift. Die tödliche Dosis für einen Erwachsenen wird zumeist mit 30–50 ml angegeben, es wurden aber auch schon Todesfälle bei weit niedrigeren Mengen (5 ml) bekannt. Die Aufnahme von Methanol führt zu Gehirnschäden und Erblindung durch Schädigung der Sehnerven. Die Vergiftungssymptome wie Bauchkrämpfe, Schwindel, Übelkeit, Sehstörungen und Bewusstlosigkeit treten erst mit Verzögerung nach 15 bis 20 Stunden auf.
Methanol lässt sich von Ethanol im Labor mithilfe der **Boraxprobe** unterscheiden. Man gibt zu einigen Millilitern des Alkohols eine Spatelspitze Borax (Dinatriumtetraborat $Na_2B_4O_7$) in ein Porzellanschälchen und entzündet die Probe. Bei Methanol zeigt sich eine typische **grüne Flammenfärbung**, bedingt durch einen leichtflüchtigen, brennbaren Borsäuretrimethylester, der unter diesen Bedingungen entsteht.

Methanol wird großtechnisch aus „Synthesegas“ (Kohlenstoffmonoxid und Wasserstoff) hergestellt:

$$CO\,(g) + 2\,H_2\,(g) \xrightarrow[\text{Katalysator}]{400\,°C\,/\,200\,bar} H_3C{-}OH\,(g)$$

„Synthesegas“ Methanol

Methanol kann als Benzinzusatz oder sogar als Benzinersatz verwendet werden, wobei der Einsatz von Methanol in Verbrennungsmotoren weniger Schadstoffe freisetzt als der von Benzin.

2.3 Weitere primäre Alkanole

Wie bereits erwähnt, lassen sich nach der Stellung der Hydroxylgruppe im Molekül zwei isomere Propanole unterscheiden: **1-Propanol** (Propylalkohol) mit einem Siedepunkt von 97 °C und **2-Propanol** (Isopropylalkohol) mit einem Siedepunkt von 82 °C:

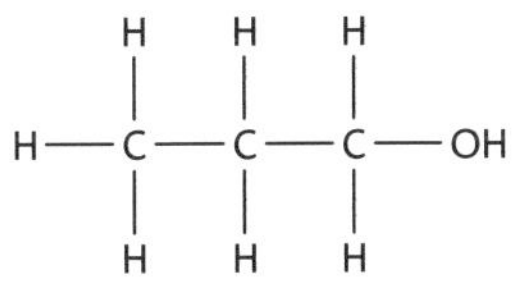

1-Propanol
(Propan-1-ol)
primärer Alkohol

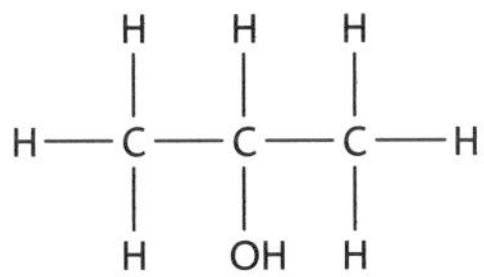

2-Propanol
(Propan-2-ol)
sekundärer Alkohol

2-Propanol ist der einfachste Vertreter der sekundären Alkohole (siehe S. 72). Bei den Butanolen existieren bereits vier Isomere (siehe S. 73). Die homologe Reihe der Alkohole lässt sich fortsetzen mit :

- **1-Butanol** (Butylalkohol) $CH_3{-}CH_2{-}CH_2{-}CH_2{-}OH$ (Siedepunkt: 117 °C) und
- **1-Pentanol** (Amylalkohol) $CH_3{-}CH_2{-}CH_2{-}CH_2{-}CH_2{-}OH$ (Siedepunkt: 138 °C).

Feste Alkohole mit 12 bis 18 Kohlenstoffatomen werden aus Erdöl synthetisiert und sind wichtige Ausgangsstoffe für die künstlichen Tenside (Waschmittel). Wichtige Vertreter sind:

- **1-Dodecanol** (Laurylalkohol) $CH_3{-}(CH_2)_{10}{-}CH_2{-}OH$ (Schmelzpunkt: 24 °C) und
- **1-Octadecanol** (Stearylalkohol) $CH_3{-}(CH_2)_{16}{-}CH_2{-}OH$ (Schmelzpunkt: 59 °C).

2.4 Sekundäre und tertiäre Alkanole

Eine wichtige Klassifizierung der Alkohole orientiert sich an der **Stellung der Hydroxylgruppe** innerhalb der Moleküle.

Bei **primären** Alkoholen ist die OH-Gruppe endständig. Das Kohlenstoffatom, das die Hydroxylgruppe trägt, ist an nur **ein** weiteres Kohlenstoffatom gebunden. Kennzeichnende Atomgruppe primärer Alkohole ist daher die

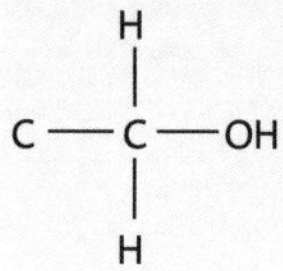

-Gruppe.

Beispiele

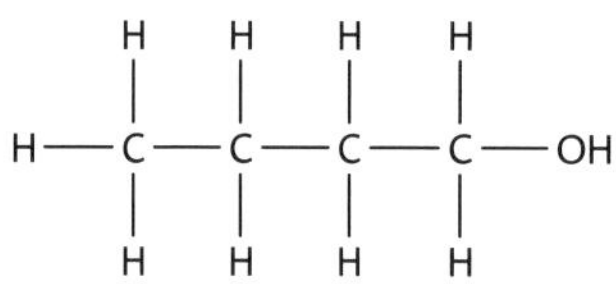

1-Butanol
(Butan-1-ol)

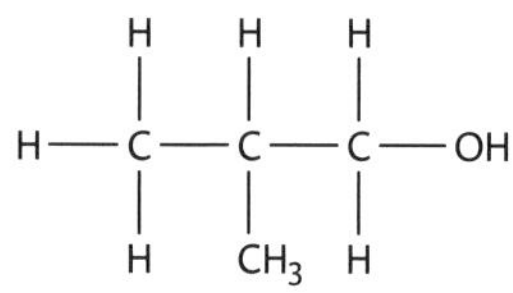

2-Methyl-1-propanol
(2-Methylpropan-1-ol)

Bei **sekundären** Alkoholen ist das die Hydroxylgruppe tragende C-Atom an **zwei** weitere C-Atome gebunden. Sie besitzen die charakteristische Gruppierung

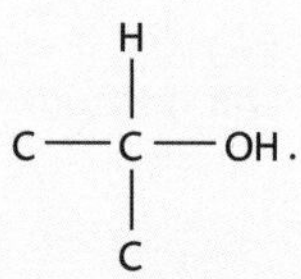

Beispiel

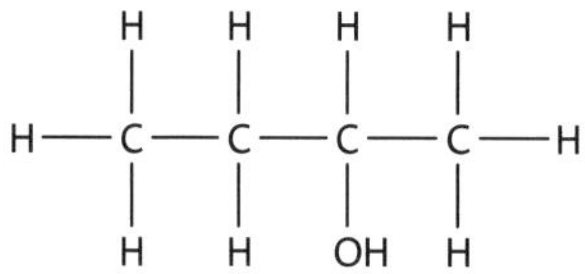

2-Butanol
(Butan-2-ol)

Mit 2-Propanol haben wir den einfachsten Vertreter der sekundären Alkohole bereits kennengelernt (siehe S. 71).

Bei **tertiären** Alkoholen schließlich ist das die Hydroxylgruppe tragende C-Atom mit **drei** weiteren C-Atomen verknüpft. Vertreter dieser Klasse besitzen daher eine

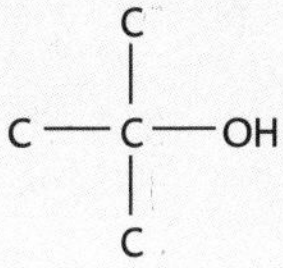

-Gruppe im Molekül.

Beispiel

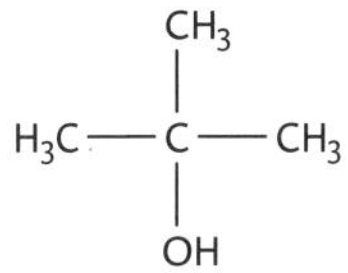

2-Methyl-2-propanol
(2-Methylpropan-2-ol)

Die vier genannten Beispiele besitzen alle die Summenformel $\mathbf{C_4H_{10}O}$ bei jeweils unterschiedlichem Molekülaufbau. Es handelt sich bei den vier Stoffen um die **vier isomeren Butanole**. Die Substanzen unterscheiden sich in ihren Siedepunkten (siehe S. 80 f.) und hinsichtlich ihrer Wasserlöslichkeit deutlich voneinander.

3 Mehrwertige Alkanole

Neben der Klassifizierung der Alkanole nach der Stellung der Hydroxylgruppe im Molekül – also in primäre, sekundäre und tertiäre Alkohole – ist die Einteilung nach der **Anzahl der Hydroxylgruppen** in ein-, zwei-, dreiwertige Alkanole bedeutsam:

> **Mehrwertige** Alkanole, auch **Polyole** oder Polyalkohole genannt, tragen **mehrere** funktionelle **OH-Gruppen**, im Höchstfall so viele, wie Kohlenstoffatome im Molekül vorhanden sind.

Nach der Erlenmeyer-Regel sind Verbindungen mit **mehr als einer** Hydroxylgruppe an **einem** Kohlenstoffatom **nicht stabil**.

3.1 Ethandiol

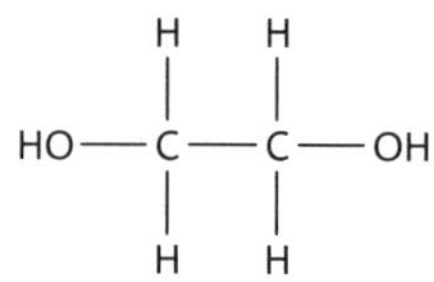

1,2-Ethandiol
(Ethan-1,2-diol)

Der einfachste **zweiwertige** Alkohol heißt **1,2-Ethandiol**, mit Trivialnamen auch **Glykol** bzw. Ethylenglykol. Ethandiol wird als Frostschutzmittel in den Kühlflüssigkeiten von Kfz-Motoren eingesetzt, denn ein 1:1-Gemisch aus Wasser und Glykol gefriert erst bei Temperaturen von –40 °C.
Ethandiol lässt sich sehr kostengünstig aus Ethen synthetisieren. Mittels Silber(I)-oxid als Katalysator kann Ethen durch Luftsauerstoff zu **Ethylenoxid** oxidiert werden. Ethylenoxid ist eine stark giftige Substanz, die sich im Tierversuch als eindeutig krebserregend erwiesen hat. Säurekatalysiert reagiert das Gas Ethylenoxid mit Wasser zu Ethandiol weiter:

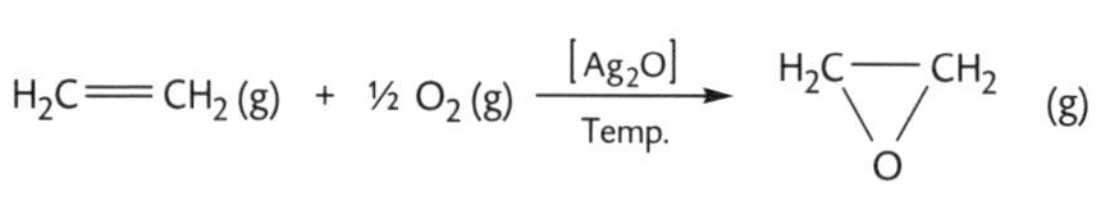

Ethen Sauerstoff Ethylenoxid

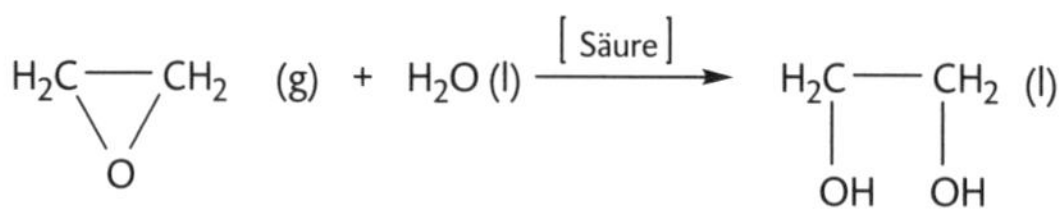

Ethylenoxid Wasser Ethandiol

Aus Ethandiol lässt sich ein sehr wichtiges Lösungsmittel, der cyclische Ether (siehe S. 92 f.) **1,4-Dioxan** (Diethylenoxid) herstellen. In einer Kondensationsreaktion – also unter Wasserabspaltung – entsteht säurekatalysiert aus zwei Ethandiolmolekülen ein Sechsringmolekül mit zwei Sauerstoffatomen im Ring:

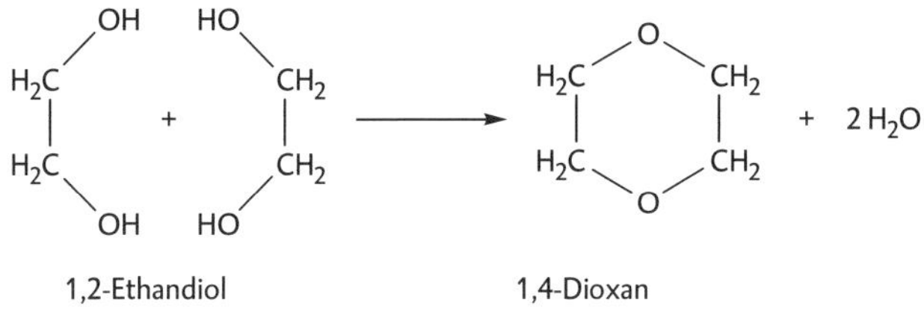

1,2-Ethandiol 1,4-Dioxan

3.2 Propantriol

Der bedeutendste **dreiwertige** Alkohol heißt **1,2,3-Propantriol** (mit Trivialnamen **Glycerin** bzw. **Glycerol**). Sein wenig gebräuchlicher deutscher Name ist „Ölsüß“, der Bezug auf die Eigenschaften der sehr viskosen, farblosen, süß schmeckenden Flüssigkeit mit einem Siedepunkt von 290 °C nimmt.

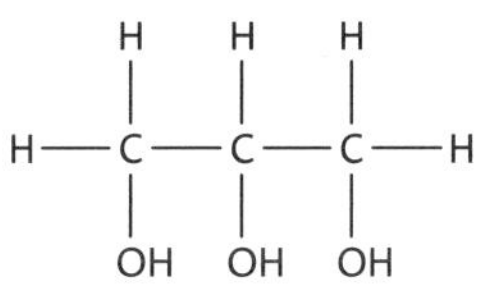

1,2,3-Propantriol
(Propan-1,2,3-triol)

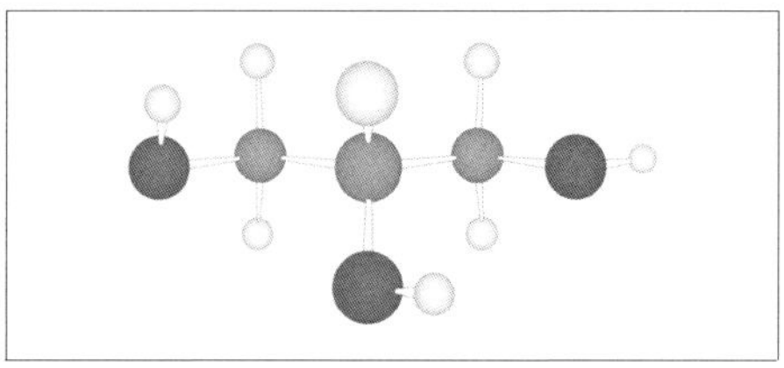

Abb. 26: Moleküldarstellung im „ball-and-stick“-Modell.

Glycerin ist eine wertvolle Verbindung, die äußerst vielseitig verwendet werden kann. Als Bestandteil der Triglyceridmoleküle, die pflanzliche und tierische **Fette und Öle** aufbauen, ist Glycerin in der Natur außerordentlich verbreitet. „Fette“ sind Ester aus Glycerin und Fettsäuren (siehe S. 130). Kokosnussöl enthält mehr als 15 %, Palmöl, Sojaöl und Rindertalg enthalten jeweils ca. 10 % Glycerin. Bei der Seifenherstellung aus natürlichen Fetten fällt Glycerin als kostbares Nebenprodukt an.

Die **technische Synthese** von Glycerin geht vom Propengas aus, das in größeren Mengen beim Crackprozess in der Rohölverarbeitung anfällt. Aus der Umsetzung von Propen mit Chlor erhält man bevorzugt 3-Chlor-1-propen (Allylchlorid):

Propen Chlor 3-Chlor-1-propen Chlorwasserstoff

Durch Addition von hypochloriger Säure (HOCl) an die Doppelbindung wird Allylchlorid in ein Produktgemisch aus 2,3-Dichlor-1-propanol (Glycerin-1,2-dichlorhydrin) und 1,3-Dichlor-2-propanol (Glycerin-1,3-dichlorhydrin) überführt:

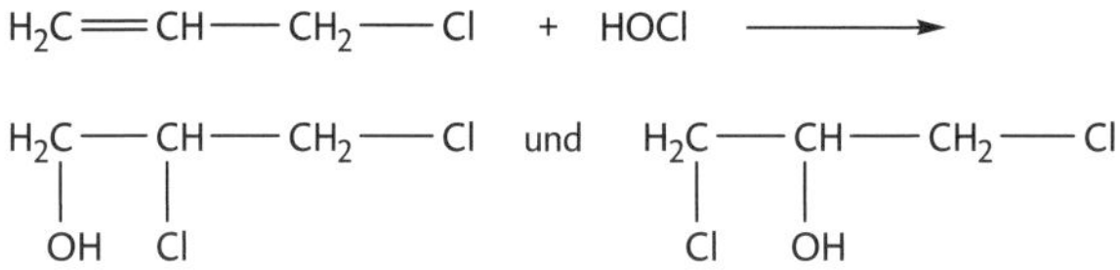

(70 %) (30 %)

2,3-Dichlor-1-propanol 1,3-Dichlor-2-propanol

Duch Umsetzung mit verdünnter Natronlauge kann dann die Reaktion zu Glycerin erfolgen:

Glycerin

Einige der vielfältigen Verwendungsmöglichkeiten des Glycerins:

- Im Gemisch mit Wasser fungiert Glycerin als **Frostschutzmittel,** z. B. im Autokühler.
- In der Sprengstoffindustrie ist Glycerin namensgebender Ausgangsstoff bei der Herstellung von **Nitroglycerin** (Dynamit); hierzu wird Glycerin mit Nitriersäure, einem Gemisch aus konzentrierter Salpetersäure und konzentrierter Schwefelsäure umgesetzt (siehe S. 57).
- Zusammen mit Dicarbonsäuren reagiert Glycerin zu **Polyestern** (siehe S. 163); die hierzu zählenden Alkydharze finden Verwendung bei der Produktion von Kunstharzlacken wie z. B. Autolacken.
- Glycerin dient als Hautpflegemittel in kosmetischen Präparaten,
- in der Pharmazie zur Herstellung von Salben und Zahnpasta,
- in Nahrungsmitteln als zugelassener Zusatzstoff E 422 und
- ist ein beliebtes Schmier-, Gleit- und Abdichtungsmittel.

3.3 Weitere mehrwertige Alkanole

Mit steigender Anzahl von Hydroxylgruppen verstärkt sich der süße Geschmack der Polyalkohole, eine Eigenschaft die bei Glykol (Ethandiol) schwach, bei Glycerin (Propantriol, „Ölsüß") schon deutlich ausgeprägt ist. **Xylit**, ein Pentanpentaol (auch Pentit genannt), besitzt nahezu die gleiche Süßkraft wie der so genannte „Rohr-" oder „Haushaltszucker", die Saccharose.
Sorbit, ein Hexanhexaol (oder Hexit) besitzt ungefähr 50 % der Süßkraft von Saccharose, fördert die Bildung von Karies aber weniger stark als diese, da es von Kariesbakterien nicht zu organischen Säuren abgebaut werden kann.
Polyhydroxyverbindungen wie Xylit und Sorbit, die keine Zucker sind, aufgrund ihrer hohen Süßkraft aber Verwendung als Zuckeraustauschstoffe („Diabetikerzucker", Süßstoff) finden, werden auch **Zuckeralkohole** genannt.
Sorbit kommt in hohen Konzentrationen (10 %) in den Früchten der Eberesche (*Sorbus aucuparia*), den „Vogelbeeren" vor und hat so seinen Namen erhalten. In geringen Mengen findet sich Sorbit aber auch in Äpfeln, Kirschen, Pflaumen und anderen Früchten.
Xylit besitzt eine recht hohe Lösungswärme, d.h. der Lösevorgang in Wasser verbraucht Energie, läuft also **endotherm** ab. Eine Tatsache, die man sich zu Nutze macht, wenn man diesen Zuckerersatzstoff in Eiskonfekt oder Eisbonbons einsetzt: Das Auflösen der kristallinen Substanz auf der Zunge hat einen spürbar kühlenden Effekt.
Der Einsatz von Xylit in verzehrfertiger Nahrung – mit Ausnahme von Getränken – ist bis zu einem Gewichtsanteil von 100 g/kg zulässig, es gibt aber Nahrungsmittel wie Kaugummi, Marzipan oder Nougat, für die eine solche Obergrenze nicht gilt.

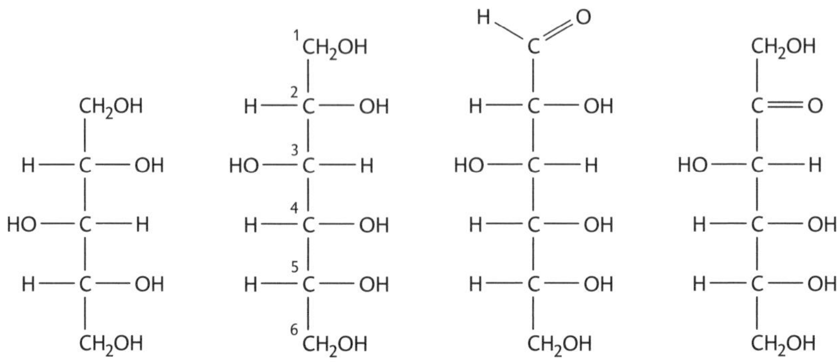

Der Vergleich der beiden Polyalkohole (vorangehende Moleküldarstellungen, links) und der beiden Monosaccharide (Einfachzucker; rechts) zeigt die strukturelle Verwandtschaft der Stoffklassen. Zucker sind als Oxidationsprodukte mehrwertiger Alkohole aufzufassen. Bei **Oxidation** des Sorbitmoleküls am **primären** C1-Atom entsteht eine **Aldehydfunktion** (siehe S. 99); das Produkt Glucose ist eine **Aldohexose**[10]. Sorbit kann zu Glucose oxidiert, umgekehrt Glucose zu Sorbit reduziert werden.
Bei **Oxidation** am **sekundären** C2-Atom des Sorbitmoleküls entsteht eine **Ketofunktion** (siehe S. 114), die dabei gebildete Fructose ist also ein Vertreter der **Ketohexosen**.

10 Unter einer **Hexose** versteht man allgemein ein Zuckermolekül mit sechs Kohlenstoffatomen.

4 Eigenschaften der Alkanole

4.1 Aggregatzustand

Im Vergleich zu den entsprechenden Kohlenwasserstoffen besitzen die Alkanole wesentlich höhere Siede- bzw. Schmelzpunkte. Schon bei den ersten Gliedern in der homologen Reihe der Alkanole handelt es sich um farblose Flüssigkeiten, nicht um gasförmige Stoffe.

Alkane				Alkanole			
Alkan	Molekülmasse	Siedepunkt	Schmelzpunkt	Alkanol	Molekülmasse	Siedepunkt	Schmelzpunkt
Methan	16 u	–161 °C	–182 °C	Methanol	32 u	65 °C	–97 °C
Ethan	30 u	–88 °C	–183 °C	Ethanol	46 u	78 °C	–115 °C
Propan	44 u	– 42 °C	–190 °C	1-Propanol	60 u	97 °C	–126 °C
Butan	58 u	–1 °C	–135 °C	1-Butanol	74 u	118 °C	–90 °C
Pentan	72 u	36 °C	–130 °C	1-Pentanol	88 u	138 °C	–78 °C
Hexan	86 u	69 °C	–95 °C	1-Hexanol	102 u	157 °C	–52 °C
Dodecan	170 u	216 °C	–10 °C	Dodecanol	186 u	256 °C	–24 °C
Hexadecan	226 u	287 °C	18 °C	Hexadecanol	242 u	—	50 °C
Octadecan	254 u	308 °C	28 °C	Octadecanol	270 u	—	59 °C

Tab. 7: Vergleich physikalischer Kenndaten von n-Alkanen und der von ihnen abgeleiteten Alkanole. (Formeln siehe auch Tab. 3, 6 und 8)

Die Ursache für den **relativ hohen Siedepunkt** des Ethanols und der anderen Alkanole liegt in der Möglichkeit zur Ausbildung von **starken intermolekularen** Wechselwirkungen zwischen den Alkanolmolekülen. Daher kostet es relativ viel Energie, ein Ethanolmolekül aus diesem Verband zu lösen und in die Gasphase zu überführen.

Infolge der hohen Elektronegativität des Sauerstoffatoms ist die C–O-Bindung schwach, die O–H-Bindung sehr stark polarisiert. Aus diesem Grund können **Wasserstoffbrücken** zwischen den polaren Ethanolmolekülen ausgebildet werden: Das positivierte Wasserstoffatom der OH-Gruppe wird durch das Sauerstoffatom des Nachbarmoleküls mit negativer Teilladung und freiem Elektronen-

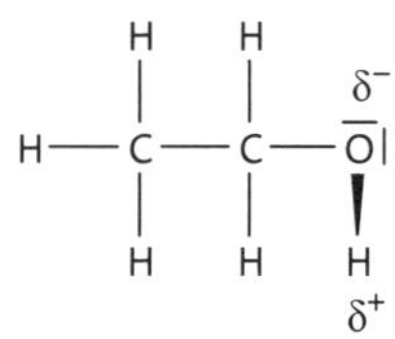

Ethanmolekül als permanenter Dipol.

paar elektrostatisch angezogen, wodurch größere **Molekülassoziationen** entstehen. Die Wasserstoffbrückenbindungen sind als gestrichelte Linien dargestellt:

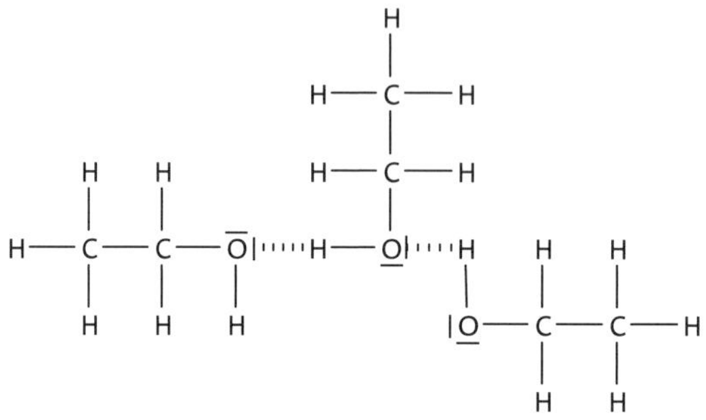

Ähnlich wie bei Wasser sind diese Molekülverbände im **festen** Zustand stabil, in der **Flüssigkeit** lösen und bilden sich die Wasserstoffbrücken ständig und in rascher Folge, in der **Gasphase** liegt Ethanol in Form von Einzelmolekülen, man sagt auch **monomer** vor.
Ab Dodecanol handelt es sich bei den Alkoholen um wachsartige Feststoffe („Fettalkohole"). Die **Zunahme der Siede- und Schmelzpunkte** innerhalb der homologen Reihe ist auf das steigende Molekulargewicht zurückzuführen und darauf, dass zwischen den immer länger werdenden Alkylresten die Möglichkeiten zur Ausbildung von van-der-Waals-Kräften zunehmen.
Die mit der Moleküllänge steigenden bindenden Wechselwirkungen zwischen den unpolaren Alkylresten der Moleküle sind auch der Grund für die **zunehmende Viskosität**. Mit wachsendem Alkylrest ihrer Moleküle werden die Alkanole dementsprechend immer zähflüssiger.
Isomere Alkanolmoleküle besitzen ein identisches Molekulargewicht, welches z.B. für die vier isomeren Butanole $M(C_4H_{10}O) = 74\ g/mol$ beträgt (siehe S. 73). Die vier Flüssigkeiten besitzen allerdings deutlich unterschiedliche Siedepunkte:

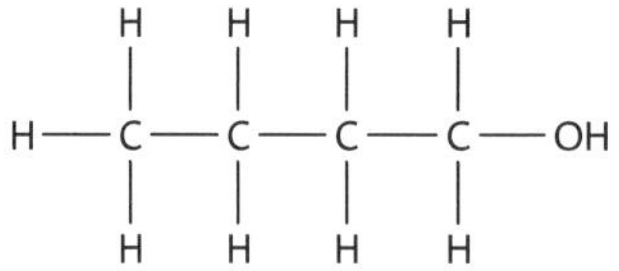

1-Butanol
118 °C

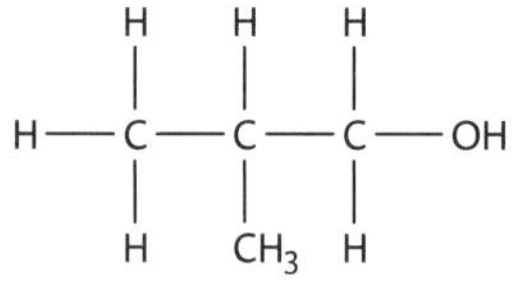

2-Methyl-1-propanol
108 °C

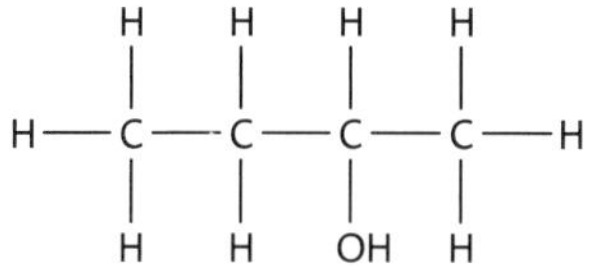

2-Butanol
100 °C

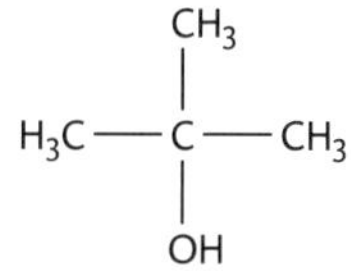

2-Methyl-2-propanol
83 °C

Die lang gestreckten, **unverzweigten** Isomere besitzen gegenüber den **verzweigten**, in ihrer Raumgestalt eher „kugeligen" Isomeren den höheren Siedepunkt. Ursache hierfür ist wiederum die bessere Möglichkeit zur Ausbildung von van-der-Waals-Kräften zwischen den Alkylketten, denn linear gebaute, unverzweigte Moleküle besitzen eine größere Oberfläche zur Ausbildung dieser bindenden Wechselwirkungen.

Besonders auffällig sind die hohen Siedepunkte der **mehrwertigen Alkohole**, zudem handelt es sich bei Ethandiol (= Glykol; Siedepunkt 197 °C) und besonders bei Propantriol (= Glycerin; Siedepunkt 290 °C) um viskose, also zähflüssige Substanzen. Der fünfwertige Alkohol Xylit schließlich ist eine kristalline Substanz mit einem Schmelzpunkt von 61 °C, der sechswertige Alkohol Sorbit besitzt einen Schmelzpunkt von 97 °C.

Diese Eigenschaften lassen auf starke intermolekulare Kräfte zwischen den Polyalkoholmolekülen schließen, und tatsächlich ermöglicht der Besitz von mehreren Hydroxylgruppen im Molekül die Ausbildung von mehr als nur einer Wasserstoffbrücke zu Nachbarmolekülen. Hoher Siedepunkt, erhöhte Viskosität und Feststoffcharakter können also mit der Häufung von **Wasserstoffbrückenbindungen** zwischen den Molekülen erklärt werden. In der folgenden Moleküldarstellung ist die Ausbildung von Wasserstoffbrückenbindungen (gestrichelte Linien) zwischen Ethandiolmolekülen schematisch dargestellt:

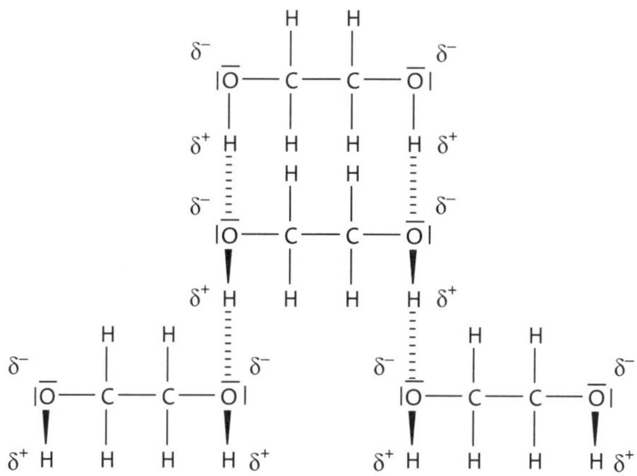

4.2 Löslichkeit

Auch das Lösungsverhalten der Alkohole wird weitgehend durch ihre funktionelle Gruppe, die polare Hydroxylgruppe bestimmt. So sind Methanol, Ethanol, 1-Propanol, 2-Propanol und auch 2-Methyl-2-propanol in jedem Verhältnis mit Wasser mischbar.

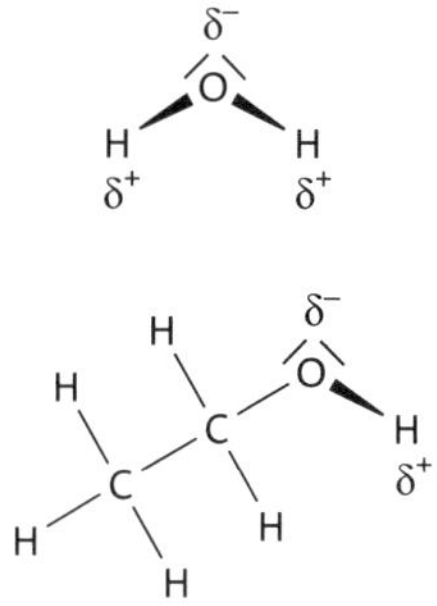

Wie zwischen Wassermolekülen einerseits und Ethanolmolekülen andererseits, kann es auch zwischen Wasser- und Ethanolmolekülen zur Ausbildung von Wasserstoffbrückenbindungen kommen, wofür eine strukturelle Verwandtschaft die Ursache ist, denn Ethanol kann nicht nur als Hydroxylderivat des Ethans, sondern auch als Ethylderivat des Wassers betrachtet werden: Die Moleküle beider Stoffe sind gewinkelte **Dipolmoleküle**, das Molekül des Ethanols ist sozusagen „wasserähnlich“ gebaut. Im Folgenden ist die Ausbildung von Wasserstoffbrückenbindungen (gestrichelte Linien) zwischen den Wasser- und den Ethanolmolekülen schematisch dargestellt:

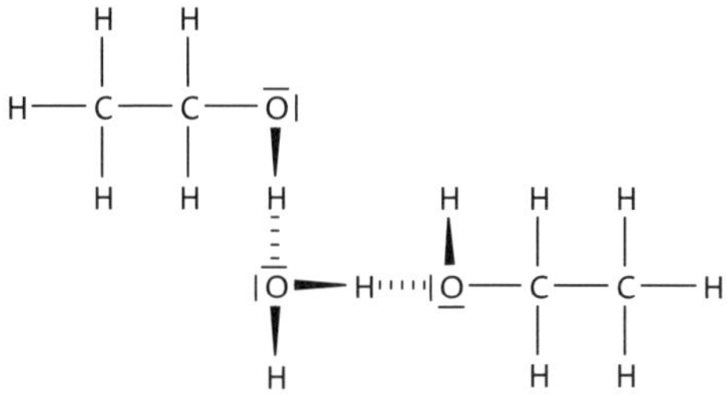

Beim Mischen von 50 ml Ethanol und 50 ml Wasser im Experiment erhält man eine Lösung mit einem Volumen von ca. 96 ml, also etwas weniger als die zu erwartenden 100 ml. Auch diese **Volumenkontraktion** beim Lösen von Alkohol in Wasser beruht auf der Ausbildung von Wasserstoffbrückenbindungen zwischen den Wasser- und den Ethanolmolekülen.
Doch nicht nur die Hydroxylgruppe, auch der Ethylrest bestimmt das Lösungsverhalten des Ethanols. So mag es zunächst erstaunen, dass sich Ethanol nicht nur mit dem polaren Wasser, sondern auch mit unpolaren Kohlenwasserstoffen wie Hexan unbegrenzt mischen lässt. Erstaunlich ist dieses Phänomen, da Alkane wie etwa Benzin und Wasser sich bekanntlich nicht miteinander mischen lassen.

Legen wir die chemische Regel „Ähnliches löst sich in Ähnlichem“ als Erklärung zugrunde, müssen wir schließen, dass Ethanol neben seinem polaren auch einen unpolaren Charakter besitzt, und tatsächlich erkennen wir im Ethanolmolekül neben dem polaren (Hydroxyl-) auch einen unpolaren (Ethyl-)Anteil. Aufgrund seiner polaren funktionellen Gruppe ist Ethanol daher **hydrophil** („wasserfreundlich“), aufgrund seines Alkylrestes aber auch zugleich **lipophil** („fettfreundlich“) und daher mit Alkanen mischbar:

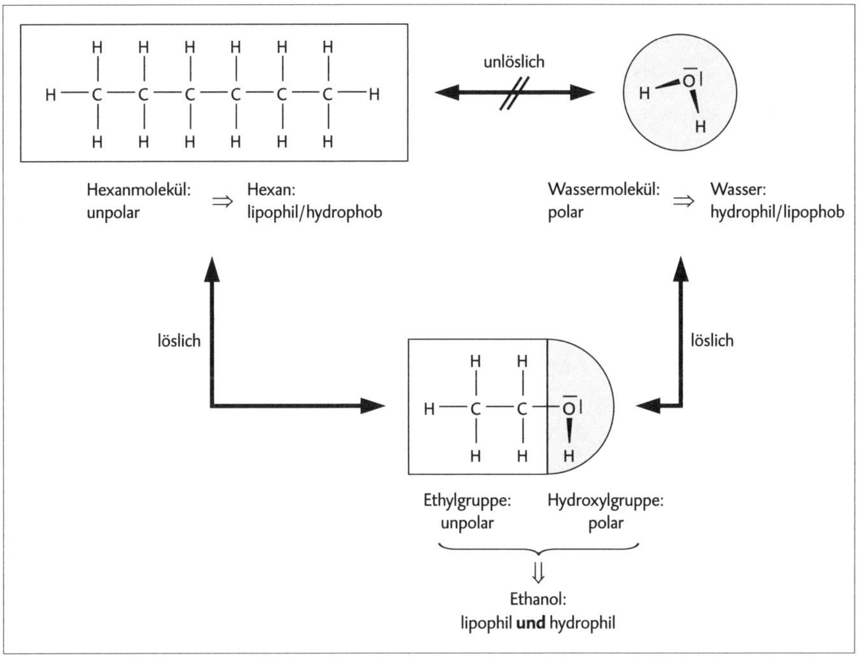

Abb. 27: Lösungsverhalten von Ethanol: Erklärung aus dem Molekülbau.

Innerhalb der homologen Reihe der Alkanole nimmt die Löslichkeit in Wasser (Hydrophilie) ab, die Löslichkeit in unpolaren Kohlenwasserstoffen (Lipophilie) hingegen zu. Erklären lässt sich dieses Lösungsverhalten dadurch, dass mit wachsendem Alkylrest der Alkanole der lipophile (= hydrophobe) Anteil im Molekül größer wird und damit über die polare Hydroxylgruppe dominiert.

Die festen, langkettigen „Fettalkohole“ („Wachsalkohole“) wie Hexadecanol, $C_{16}H_{33}-OH$ sind in Wasser unlöslich, also vollständig hydrophob („wasserfeindlich“).

Alkanol	**Halbstrukturformel**	**Löslichkeit** (in 100 ml Wasser)
Methanol	$CH_3{-}OH$	in jedem Verhältnis
Ethanol	$CH_3{-}CH_2{-}OH$	in jedem Verhältnis
1-Propanol	$CH_3{-}CH_2{-}CH_2{-}OH$	in jedem Verhältnis
1-Butanol	$CH_3{-}CH_2{-}CH_2{-}CH_2{-}OH$	7,9 g
1-Pentanol	$CH_3{-}CH_2{-}CH_2{-}CH_2{-}CH_2{-}OH$	2,3 g
1-Hexanol	$CH_3{-}CH_2{-}CH_2{-}CH_2{-}CH_2{-}CH_2{-}OH$	0,6 g
1-Heptanol	$CH_3{-}CH_2{-}CH_2{-}CH_2{-}CH_2{-}CH_2{-}CH_2{-}OH$	0,2 g
1-Octanol	$CH_3{-}CH_2{-}CH_2{-}CH_2{-}CH_2{-}CH_2{-}CH_2{-}CH_2{-}OH$	0,05 g

Tab. 8: Löslichkeit von Alkanolen in Wasser.

4.3 Reaktionen der Alkanole

Mögliche Reaktion als Säure

Infolge der strukturellen Ähnlichkeit des Wasser- und des Ethanol-Dipolmoleküls erscheint es denkbar, dass das Alkoholmolekül als Säure, also als Protonen**donator** gegenüber dem Wassermolekül (Protonenakzeptor) fungieren könnte, ein Vorgang, der mit der Autoprotolyse des Wassers vergleichbar wäre:

$$2\,H_2O \rightleftharpoons H_3O^+ + OH^-$$

Obwohl das Ethanolmolekül ein recht starker Dipol ist, findet die Reaktion

$$C_2H_5OH + H_2O \rightleftharpoons H_3O^+ + C_2H_5O^-$$

nicht in nennenswertem Umfang statt, wässrige Lösungen von Ethanol reagieren daher **nicht sauer**.

Reaktion mit Alkalimetallen

Eine Reaktion, die jener von Wasser entspricht, zeigt Ethanol bei Umsetzung mit starken **Reduktionsmitteln** (Elektronendonatoren) wie **Natrium**. Es reagiert wie Wasser mit Natrium unter Wasserstoffentwicklung und Salzbildung:

$$2\ H{-}O{-}H + 2\ Na \longrightarrow 2\ (Na^+OH^-) + H_2$$

$$2\ H_5C_2{-}O{-}H + 2\ Na \longrightarrow 2\ (Na^+C_2H_5O^-) + H_2$$

Natriumethanolat

Ethanolate (allgemein: **Alkanolate** oder **Alkoholate**) sind nur unter Ausschluss von Feuchtigkeit beständig. Mit Wasser reagieren Alkoholate augenblicklich zum betreffenden Alkohol und Hydroxid:

$$Na^+C_2H_5O^- + H_2O \longrightarrow H_5C_2{-}OH + NaOH$$

Reaktion mit Oxidationsmitteln

Hinsichtlich ihrer Reaktion mit **Oxidationsmitteln** unterscheiden sich primäre, sekundäre und tertiäre Alkanole (Alkohole) grundlegend.

Oxidation kann als Elektronen**abgabe** definiert werden, ein **Oxidationsmittel** stellt somit einen Elektronen**akzeptor** dar.

Bei organischen Verbindungen lässt sich eine Oxidation leicht erkennen, wenn man die **Oxidationszahlen der Kohlenstoffatome** im Molekül ermittelt.

Steigt die Oxidationszahl eines Kohlenstoffatoms, so entspricht dies einer **Oxidation** am entsprechenden Atom.

Die Oxidationszahl ist dabei eine formale, **hypothetische** („gedachte") **Ladungszahl**. Um die Oxidationszahlen der Atome in organischen Molekülen zu ermitteln, denkt man sich die Moleküle aus Ionen aufgebaut und schlägt dazu bindende Elektronenpaare dem **elektronegativeren** Bindungspartner zu. Die **Elektronegativität** (EN) beschreibt allgemein das Vermögen eines Atoms, Bindungselektronen zu sich zu ziehen. Eine hohe Elektronegativität besitzen z. B. die Elemente Fluor, Chlor, Sauerstoff und Stickstoff:

Elektronegativität wichtiger Elemente		
Wasserstoff H **2,1**	Stickstoff N **3,0**	Fluor F **4,0**
Kohlenstoff C **2,5**	Schwefel S **2,5**	Chlor Cl **3,0**
Sauerstoff O **3,5**	Phosphor P **2,1**	Brom Br **2,8**

Tab. 9: EN-Werte der Elemente organischer Verbindungen.

Das bindende Elektronenpaar einer **C–H**-Bindung wird also dem elektronegativeren Kohlenstoff, das einer **C–O**-Bindung dem elektronegativeren Sauerstoff zugeschlagen. Die auf diese Weise ermittelte Anzahl der den einzelnen Atomen zugeordneten Elektronen wird dann mit der „normalen“ Anzahl der Außenelektronen des Atoms verglichen, die leicht anhand der Stellung des Elements im Periodensystem ermittelt werden kann, da sie der Hauptgruppennummer des Elements entspricht:

Anzahl der Außenelektronen		
Wasserstoff H **1**	Stickstoff N **5**	Fluor F **7**
Kohlenstoff C **4**	Schwefel S **6**	Chlor Cl **7**
Sauerstoff O **6**	Phosphor P **5**	Brom Br **7**

Tab. 10: Anzahl der Außenelektronen wichtiger Elemente organischer Verbindungen.

Da jedes Elektron eine negative Elementarladung trägt, gilt, dass ein Atom, das nach der Zuordnung der Bindungselektronen einen „Elektronen**überhang**“ hat, eine **negative** Oxidationszahl erhält, z. B. bei einem Elektron „zu viel“ die Oxidationszahl –I, dass umgekehrt ein Atom mit „Elektronen**defizit**“ eine **positive** Oxidationszahl erhält, z. B. bei zwei Elektronen „zu wenig“ die Oxidationszahl +II. Dabei ist immer zu bedenken, dass die Oxidationszahl eine formale Ladungszahl darstellt und die Atome im Molekül dadurch **nicht** zu Ladungsträgern werden.
Sind zwei gleichartige Atome an einer Bindung beteiligt, z. B. im Falle der C–C-, C=C- und C≡C-Bindungen, so werden die bindenden Elektronen gleichmäßig zwischen ihnen aufgeteilt.
Während **Kohlenstoff** (IV. Hauptgruppe) alle Oxidationszahlen **von –IV**, z. B. bei Methan CH_4, **bis +IV**, z. B. bei Kohlenstoffdioxid CO_2, annehmen kann, hat **Wasserstoff** in organischen Molekülen stets die Oxidationszahl **+I** und **Sauerstoff** in der Regel die Oxidationszahl **–II** (Ausnahme: Peroxide). Die Summe der Oxidationszahlen der Atome eines Moleküls muss null ergeben.

Beispiele

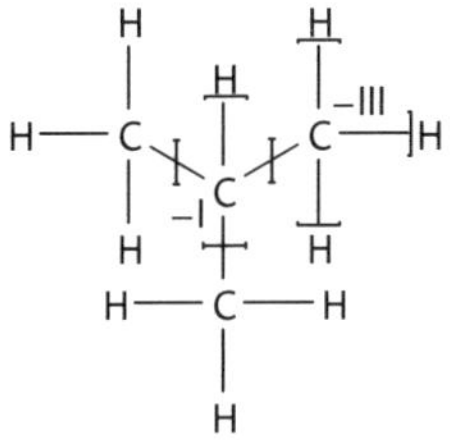

Oxidationszahlen der Kohlenstoffatome im Methylpropanmolekül

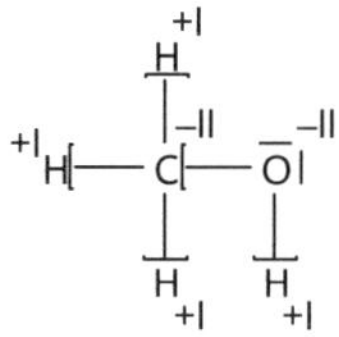

Oxidationszahlen aller Atome im Methanolmolekül

Wird das Ethanolmolekül an dem Kohlenstoff oxidiert, das bereits eine Hydroxylgruppe trägt, so entsteht ein instabiles Molekül mit zwei OH-Gruppen an einem Kohlenstoffatom, das nach der Erlenmeyer-Regel (siehe S. 74) instabil ist und unter Wasserabspaltung reagiert:

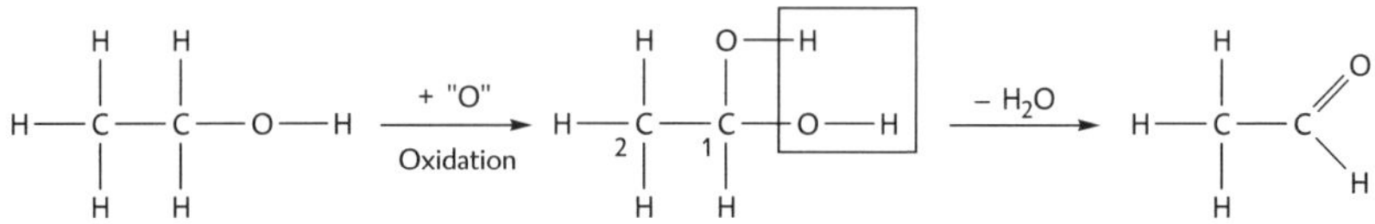

Ethanol — instabiles Zwischenprodukt — Ethanal

$$H_3C-\overset{-I}{CH_2}-OH \longrightarrow H_3C-\overset{+I}{CHO}$$

Die **Oxidationszahl** des Kohlenstoffatoms C1 **steigt** von –I auf +I, das entspricht einer formalen Abgabe von zwei Elektronen und stellt somit eine **Oxidation** dar. Reaktionsprodukt der Oxidation des Ethanols ist **Ethanal**, ein Vertreter der Stoffklasse der Alkanale (Aldehyde), (siehe S. 98 f.).

Ethanol kann aber auch auf andere Weise in Ethanal überführt werden, nämlich durch den Einsatz von Wasserstoffakzeptoren wie dem **Edelmetall** Palladium, d. h. ohne dass Sauerstoff verfügbar sein müsste:

$$H_3C-CH_2-OH + \text{Akzeptor} \longrightarrow H_3C-CHO + \text{Akzeptor-}H_2$$

Hier werden dem Ethanolmolekül gleichsam zwei Wasserstoffatome entzogen, wir sprechen in diesem Fall aber nicht von einer Oxidation, sondern von einer **Dehydrierung**.

Wird 2-Propanol, der einfachste **sekundäre** Alkohol, oxidiert, gelangt man zu einer weiteren neuen Stoffklasse:

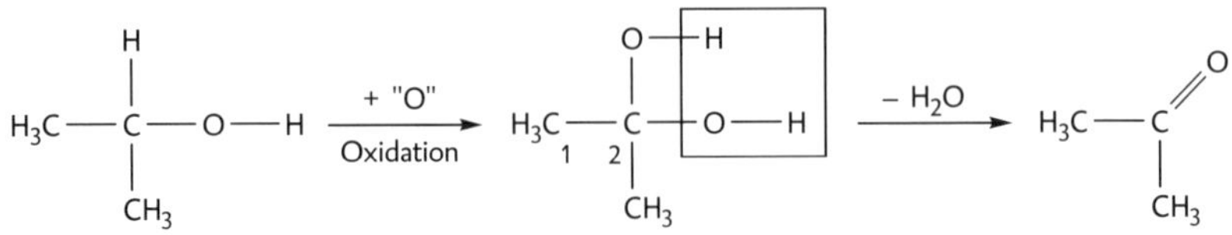

2-Propanol — instabiles Zwischenprodukt — Propanon

$$H_3C-\overset{0}{C}HOH-CH_3 \longrightarrow H_3C-\overset{+II}{C}O-CH_3$$

Die Oxidationszahl des Kohlenstoffatoms C2 steigt von 0 auf +II, das entspricht einer formalen Abgabe von zwei Elektronen und stellt eine Oxidation dar. Reaktionsprodukt der Oxidation des 2-Propanols ist das **Propanon** (Trivialname: Aceton), ein Vertreter der Stoffklasse der Alkanone (Ketone), (siehe S. 114 f.).

Betrachtet man das Molekül des einfachsten **tertiären** Alkanols, des 2-Methyl-2-propanols, so erkennt man, dass am Kohlenstoffatom, das die OH-Gruppe trägt, keine weitere Oxidation erfolgen kann, ohne dass im Molekül eine C–C-Bindung zerstört wird:

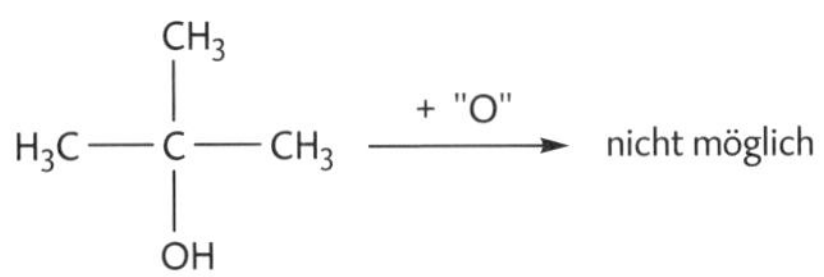

2-Methyl-2-propanol

Zusammenfassung

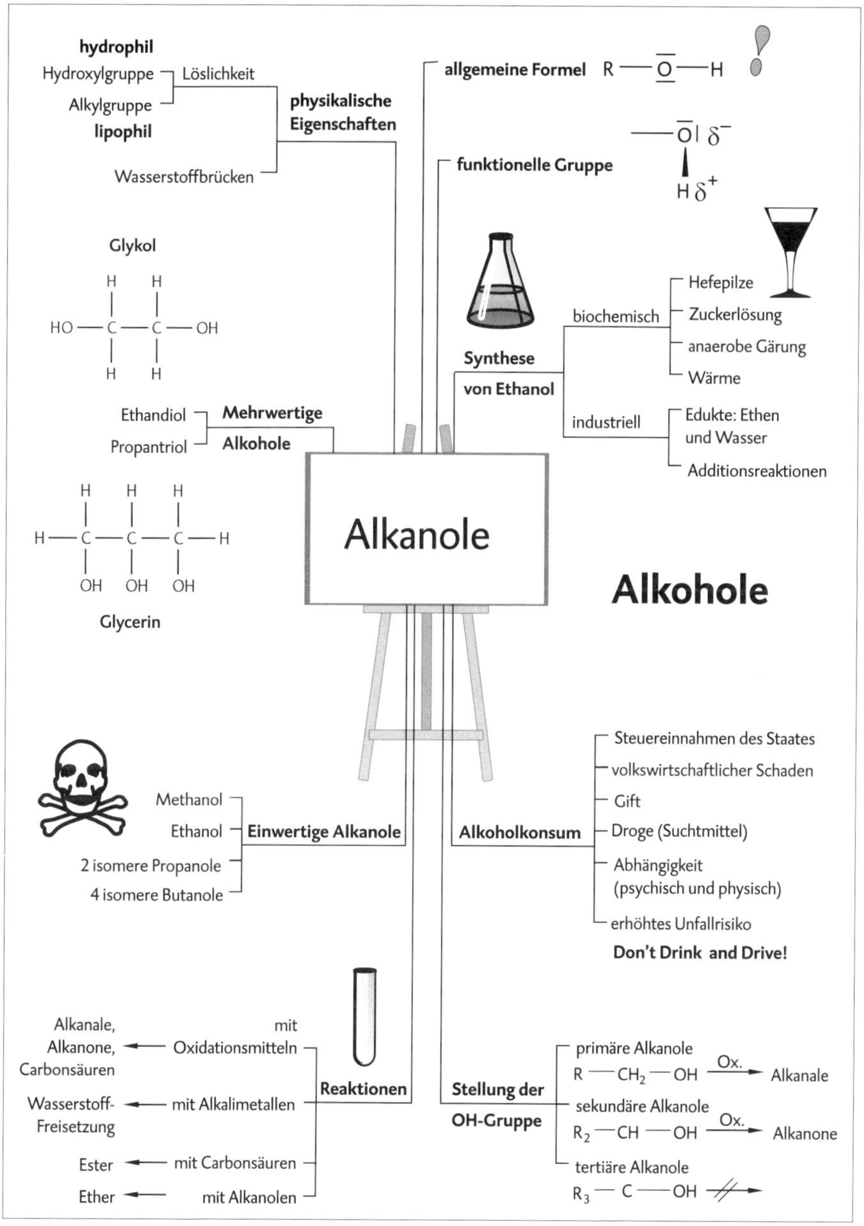

- Für die Stoffklasse der **Alkanole** ist auch die Bezeichnung Alkohole weiterhin gebräuchlich. Ihr industriell wichtigster und als Inhaltstoff alkoholischer Getränke bekanntester Vertreter ist **Ethanol**. Ethanol kann biotechnisch mit Hefepilzen durch Gärung zuckerhaltiger Lösungen hergestellt werden. Die Moleküle **einwertiger Alkanole** besitzen **eine** polare Hydroxylgruppe, nach deren Stellung im Kohlenstoffgrundgerüst **primäre, sekundäre und tertiäre** Alkanole unterschieden werden können.

- Mehrwertige Alkanole besitzen mehrere Hydroxylgruppen in ihren Molekülen. Ethandiol (Glykol) und Propantriol (Glycerin) sind die wichtigsten Vertreter dieser Stoffklasse. Glycerin ist Baustoff der Triglyceride in Fetten und Ölen, aber auch Ausgangsstoff für die Synthese von Nitroglycerin und Kunststoffen. Polyalkohole mit fünf oder sechs Hydroxylgruppen wie Xylit und Sorbit besitzen eine strukturelle Verwandtschaft zur Stoffklasse der Zucker.

- Die Hydroxylgruppe bestimmt die **physikalischen** und **chemischen Eigenschaften** der Alkanole wesentlich. Als polare Gruppe garantiert sie die Wasserlöslichkeit der kurzkettigen Alkanole, bei langkettigen bestimmt der lipophile Alkylrest das Lösungsverhalten. Die Hydroxylgruppe ist auch verantwortlich für die relativ hohen Siede- und Schmelzpunkte der Substanzen (v. a. der mehrwertigen Alkanole), da sie die Ausbildung von Wasserstoffbrückenbindungen als intermolekulare Kräfte ermöglicht.

- Alkanole sind oxidierbar und wirken daher als Reduktionsmittel:
  (1) **Primäre** Alkanole werden zu **Alkanalen** (Aldehyden) oxidiert,
  (2) **sekundäre** Alkanole werden zu **Alkanonen** (Ketonen) oxidiert,
  (3) **tertiäre** Alkanole lassen sich jedoch **nicht** weiter zu Carbonylverbindungen oxidieren.

Ether

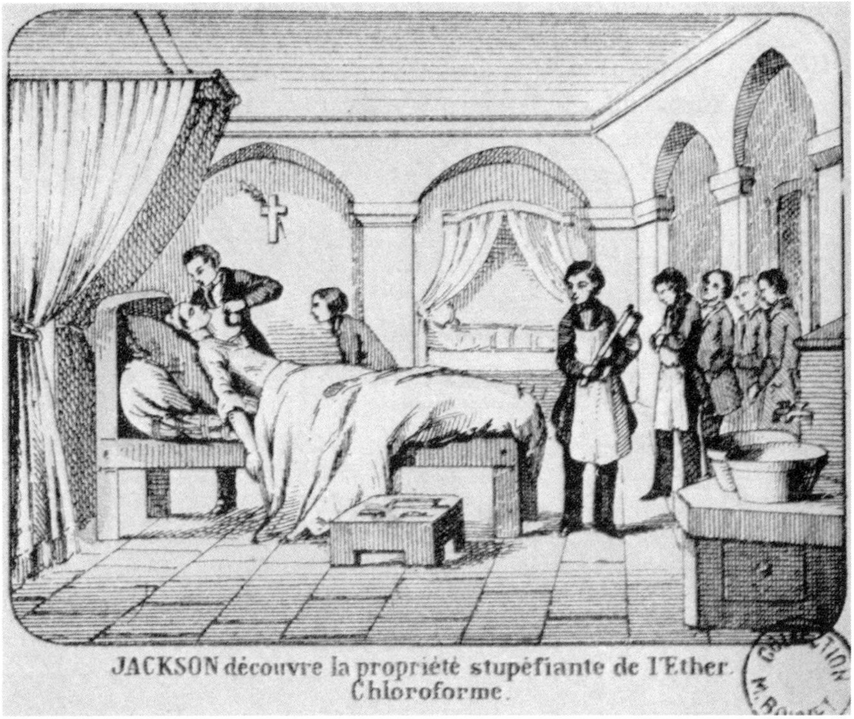

Eingeatmete Etherdämpfe erzeugen durch lähmende Wirkung auf das Zentralnervensystem einen rauschartigen Zustand, der in tiefe Bewusstlosigkeit übergehen kann. Diese Erkenntnis führte ab Mitte des 19. Jahrhunderts zum Einsatz des Diethylethers als Narkosemittel. Der amerikanische Chemiker Charles Thomas JACKSON war 1842 einer der Pioniere der Etheranästhesie, die in der Folge große Fortschritte auf dem Gebiet der Chirurgie ermöglichte.

1 Synthese und Nomenklatur

Wird ein Gemisch aus Ethanol und konzentrierter Schwefelsäure erhitzt, so erhält man ein Produktgemisch aus **Ester**, **Ether** und **Ethen**, dessen Zusammensetzung durch die Wahl der **Reaktionsbedingungen** beeinflusst werden kann:

- Wird die Reaktion bei ca. 100 °C mit einem **Überschuss an Schwefelsäure** (H_2SO_4) durchgeführt, so entsteht bevorzugt ein Schwefelsäure**ester** des Ethanols (Ethylsulfat):

$$H_3C-CH_2-OH + HO-SO_2-OH \xrightarrow{[H^+]}$$

$$H_3C-CH_2-O-SO_2-OH + H_2O$$

Schwefelsäureethylester

Nachweis: Der aus dem Reaktionsgemisch abgetrennte Schwefelsäureester gibt sich beim Test mit feuchtem Universalindikatorpapier durch intensive Rotfärbung als starke Säure zu erkennen.

- Wird die Reaktion bei sehr **hohen Temperaturen** durchgeführt, entsteht bevorzugt das Gas **Ethen**. Schwefelsäure fungiert als Katalysator der Eliminierungsreaktion. Die Reaktion verläuft als intramolekulare Abspaltung eines Wassermoleküls aus dem Ethanolmolekül:

$$H_3C-CH_2-OH \xrightarrow{[H^+]} H_2C{=}CH_2 + H_2O$$

Ethen

Nachweis: Lässt man das Gas durch rötlich-braunes Bromwasser perlen, so wird dieses entfärbt (siehe S. 29).

- Wird die Reaktion bei 130 °C mit einem **Überschuss an Ethanol** durchgeführt, so destilliert bevorzugt eine leicht siedende, farblose Flüssigkeit von charakteristischem süßlichen Geruch in die Vorlage. Es riecht nach **Ether**:

$$2\,H_3C-CH_2-OH \xrightarrow{[H^+]} H_3C-CH_2-O-CH_2-CH_3 + H_2O$$

Diethylether

Die Schwefelsäure fungiert erneut als Katalysator dieser Kondensationsreaktion zwischen zwei Ethanolmolekülen.
Nachweis: Neben dem unverwechselbaren Geruch kann die große Verdunstungskälte als Indiz dienen: Wird ein Tropfen der Flüssigkeit auf die Hand gebracht, so kühlt die betreffende Hautpartie deutlich ab.

Formal können Ether als **Dialkylderivate des Wassers** aufgefasst werden. Wenn man sich vorstellt, dass bei einem Wassermolekül beide Wasserstoffatome durch Alkylreste ersetzt werden, gelangt man zur **allgemeinen Formel** $\mathbf{R_1{-}O{-}R_2}$ der Ether, wobei die Reste R_1 und R_2 wie beim bekanntesten aller Ether, dem **Diethylether**, identisch sein können (**symmetrische Ether**), sie können aber auch unterschiedlich sein, wenn ein **gemischter Ether** wie Methylpropylether vorliegt.

Beispiel

$$H_3C{-}CH_2{-}O{-}CH_2{-}CH_3 \qquad CH_3{-}O{-}CH_2{-}CH_2{-}CH_3$$

Diethylether
(symmetrischer Ether)

Methylpropylether
(gemischter Ether)

Die beiden genannten Ether sind Strukturisomere mit der Summenformel $C_4H_{10}O$. Die gleiche Summenformel besitzen im übrigen auch die vier isomeren Butanole (siehe S. 73), sodass die Anzahl der Isomere mit dieser Summenformel insgesamt sechs beträgt.
Ether sind anhand ihrer Molekülstruktur leicht zu erkennen: Ihre Moleküle besitzen jeweils ein **Brücken-Sauerstoff-Atom** („Etherbrücke"). Nach der im (Labor-)Alltag gebräuchlichen **Nomenklatur** nennt man die an die „Etherbrücke" gebundenen Alkylreste in alphabetischer Reihenfolge und hängt das Suffix *-ether* an, spricht also z. B. von Methylpropylether und nicht von Propylmethylether. Bei zwei gleichen Resten erfolgt die übliche Benennung über das Präfix Di-, wie bei Diethylether. Nach den offiziellen **IUPAC-Regeln** werden Ether $R_2{-}O{-}R_1$ als **Alkoxy-Derivate** des längerkettigen Kohlenwasserstoffs bezeichnet (R_2 = längerkettiges Alkan; $R_1{-}O$ = Alkoxy-Gruppe): Aus dem Methylpropylether $CH_3{-}O{-}C_3H_7$ wird so Methoxypropan, aus dem Diethylether $C_2H_5{-}O{-}C_2H_5$ wird Ethoxyethan.
Außer durch einleitend beschriebene Reaktion von Ethanol mit Schwefelsäure kann Diethylether auch durch die **Williamson-Synthese** dargestellt werden. Dazu werden **Alkalialkanolate** (Alkalialkoholate; siehe S. 85) mit Halogenalkanen (siehe S. 20) umgesetzt, im konkreten Fall der Synthese von Diethylether z. B. Natriumethanolat mit Bromethan (Ethylbromid):

$$H_5C_2{-}O^-Na^+ + Br{-}C_2H_5 \longrightarrow H_5C_2{-}O{-}C_2H_5 + Na^+Br^-$$

Bei der synthetischen Ethanolerzeugung fällt Diethylether heute in so großen Mengen als Nebenprodukt an, dass sich eine großtechnische Synthese erübrigt.

2 Physikalische Eigenschaften

Beim Arbeiten mit Diethylether muss dafür Sorge getragen werden, dass alle offenen Flammen gelöscht sind, denn der Ether ist eine flüchtige Substanz, die sich sehr leicht entzündet. Infolge seiner niedrigen Siedetemperatur von +34,5 °C verdunstet Diethylether bereits bei 20 °C sehr rasch, die **Etherdämpfe** können sich am Boden oder auf Arbeitsflächen kriechend ausbreiten und mit Luft schon bei einer Konzentration von 1,8 Vol-% **explosive Gemische** bilden.
Vergleicht man den **Siedepunkt** des Diethylethers mit denen der isomeren Butanole, z. B. mit dem von 1-Butanol (+118 °C), so kann der auffällige Unterschied nicht mittels verschiedener Molekülmassen erklärt werden, sondern nur über unterschiedliche intermolekulare Kräfte. Da das Ethermolekül **kein** an das Sauerstoffatom gebundenes, **positiv polarisiertes Wasserstoffatom** besitzt, ist die Ausbildung von Wasserstoffbrückenbindungen, und damit Molekülverbänden (siehe S. 79 f.) bei Ethern im Vergleich zu den Alkoholen nicht möglich.
In seinem Lösungsverhalten gleicht Diethylether hingegen durchaus dem der isomeren Butanole:

Verbindung	**Summenformel**	**Molekülmasse**	**Siedepunkt**	**Löslichkeit** (in 100 ml Wasser)
Diethylether	$C_4H_{10}O$	74 u	34,5 °C	7,5 g (bei 16 °C)
1-Butanol	$C_4H_{10}O$	74 u	118 °C	9,0 g (bei 15 °C)
2-Butanol	$C_4H_{10}O$	74 u	100 °C	12,5 g (bei 20 °C)

Tab. 11: Physikalische Kenngrößen von Diethylether und zwei isomeren Butanolen.

Für die **Wasserlöslichkeit** des Ethers sind Wasserstoffbrückenbindungen zwischen Wasser- und Diethylethermolekülen verantwortlich. Die gute Eignung von Diethylether als **Lösungsmittel für lipophile Substanzen** (Benzin, Fette, Harze) ist mit den hydrophoben Alkylresten (R_1 und R_2) der Ethermoleküle erklärbar, sie beruht also auf der Wirkung von van-der-Waals-Kräften.

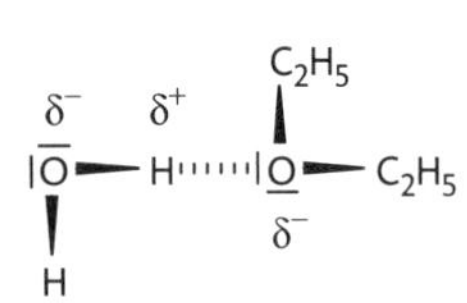

3 Autoxidation

Bei längerem Aufenthalt an Luft und Licht oxidiert Diethylether in einem Vorgang den man **Autoxidation** nennt, zu schwer flüchtigen, hoch explosiven **Peroxiden** $R_1–O–O–R_2$:

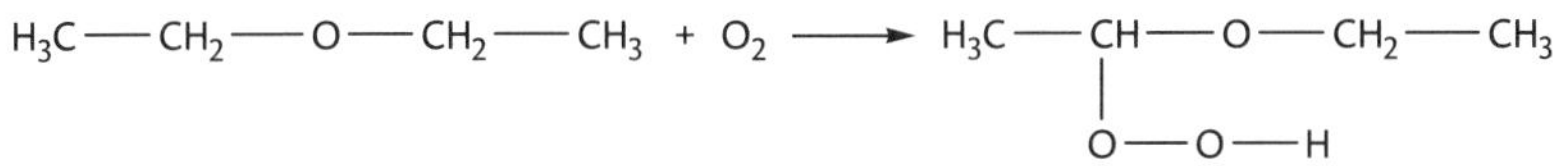

Autoxidation des Diethylethers

Diethylether muss daher in braunen Flaschen luftdicht verschlossen aufbewahrt werden. Besondere Gefahr besteht beim Destillieren des Ethers, der wegen seiner leichten Entzündlichkeit nur auf dem Wasserbad erwärmt werden darf: Die thermisch labilen Peroxide können bei der Destillation schwerste Explosionen auslösen, weswegen entsprechende Schutzmaßnahmen (Abzug, Panzerglasscheibe, Schutzbrille) zu treffen sind.

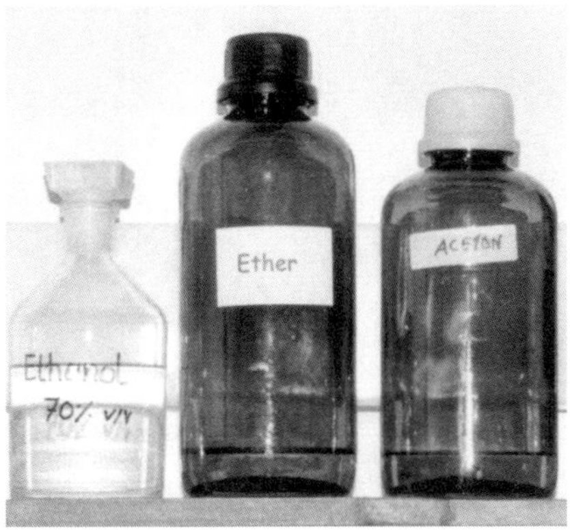

Abb. 28: Aufbewahrung von Ether im chemischen Labor.

4 Verwendung

In der Technik ist das Lösungsmittel Diethylether aufgrund seiner Gefahren durch weniger flüchtige, nicht brennbare Lösungsmittel weitgehend verdrängt worden, im Labor wird Diethylether jedoch noch zum „Ausethern" (Extrahieren) von Substanzen aus wässrigen Lösungen verwendet.

Seit 1842 ist Ether als **Inhalationsnarkotikum** bekannt: bei längerem Einatmen von Etherdämpfen tritt eine tiefe Narkose (Bewusstlosigkeit) ein. Im Gemisch aus einem Teil Ether und drei Teilen Ethanol – auch als Hoffmannstropfen bekannt – wirkt Diethylether hingegen belebend.

Wegen seiner hohen Verdunstungskälte kann Diethylether schließlich genutzt werden, um tiefe Temperaturen zu erzeugen: Bei Mischung mit Trockeneis (Kohlensäureschnee) sind Tiefsttemperaturen von bis zu –80 °C erreichbar.

Zusammenfassung

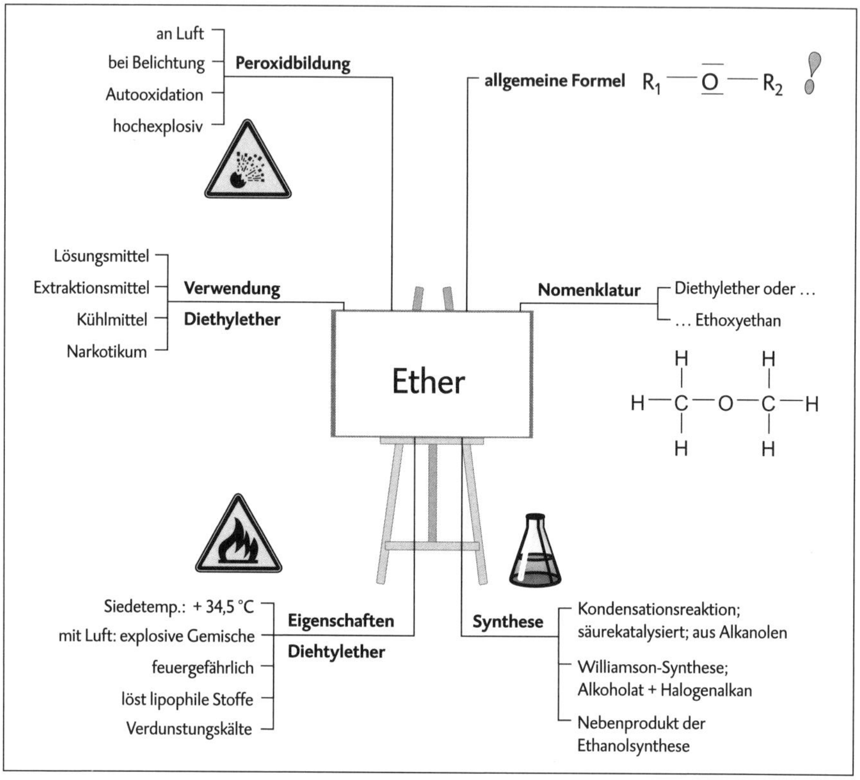

Die Stoffklasse der **Ether** kann mit der allgemeinen Formel $R_1{-}O{-}R_2$ charakterisiert werden. Der bekannteste Vertreter der Verbindungen mit der **Sauerstoffbrücke** im Molekül ist der Diethylether, der nach IUPAC-Nomenklatur als Ethoxyethan bezeichnet werden müsste. Ehemals Narkosemittel, heute noch **gebräuchliches Lösungsmittel** für lipophile Substanzen birgt seine Verwendung einige Risiken und erfordert geeignete Schutzmaßnahmen: Diethylether ist leicht flüchtig und leicht entzündlich, seine Dämpfe bilden mit Luft explosive Gemische und an der Luft bildet er durch Autooxidation thermisch labile, äußerst **explosive Peroxide**.

Alkanale und Alkanone

Werden Fette oder Öle z. B. beim Braten überhitzt, so kann sich aus ihrem chemischen Bestandteil Glycerin das sehr giftige, beißend riechende und stark schleimhautreizende Acrolein bilden. Speisefette und -öle sollten deshalb nicht auf Temperaturen über 200 °C erhitzt und regelmäßig ausgetauscht werden.

1 Alkanale

1.1 Homologe Reihe und Nomenklatur

Wird ein feinmaschiges, zu einer Walze aufgerolltes Kupferdrahtnetz in der Bunsenbrennerflamme hoch erhitzt, so verfärbt es sich: Das typische Kupferrot verschwindet, da sich oberflächlich schwarzes Kupfer(II)-oxid bildet. Taucht man das noch glühende Drahtnetz in Ethanol, ist wiederum eine Farbänderung erkennbar: Die rote Farbe des elementaren Kupfers tritt erneut hervor. Offensichtlich ist Kupfer(II)-oxid durch Ethanol zu Kupfer reduziert worden; das Reduktionsmittel Ethanol muss dabei oxidiert worden sein.
Beschreiben lässt sich die **Redoxreaktion** durch folgende Reaktionsgleichung:

$$H_3C-CH_2-OH + \underset{\text{schwarz}}{CuO} \longrightarrow \underset{\text{rot}}{Cu} + H_2O + H_3C-CH{=}O$$

Die Oxidation des Ethanols entspricht dabei formal einer **Dehydrierung**:

$$\underset{\text{Ethanol}}{H_3C-CH_2-OH} \xrightarrow{-\,2\,\text{"H"}} \underset{\text{Ethanal}}{H_3C-CH{=}O}$$

Das Produkt der Oxidation bzw. Dehydrierung von Ethanol heißt **Ethanal** (oder Acetaldehyd), es gehört in die Stoffklasse der Alkanale (oder Aldehyde).
Der Name „**Aldehyd**" leitet sich dabei von ***Al****coholus* ***dehyd****rogenatus* (dehydrierter Alkohol) ab und verweist so auf die präparative und formale Ableitung der Stoffe von (primären) Alkanolen.
Alkanale ist die neue, offizielle Bezeichnung der Stoffklasse, deren Glieder wiederum eine homologe Reihe bilden. Die Stoffnamen werden jeweils durch Anhängen der Endung *-al* an den Namen des entsprechenden Alkans gebildet:

Alkanal	Trivialname	Halbstrukturformel	Siedepunkt
Methanal	Formaldehyd	H–CHO	–21 °C
Ethanal	Acetaldehyd	CH_3–CHO	+20 °C
Propanal	Propionaldehyd	CH_3–CH_2–CHO	+49 °C
Butanal	Butyraldehyd	CH_3–CH_2–CH_2–CHO	+76 °C
Pentanal	Valeraldehyd	CH_3–CH_2–CH_2–CH_2–CHO	+103 °C
Hexanal	Capronaldehyd	CH_3–CH_2–CH_2–CH_2–CH_2–CHO	+131 °C

Tab. 12: Die ersten Glieder der homologen Reihe der Alkanale.

1.2 Eigenschaften

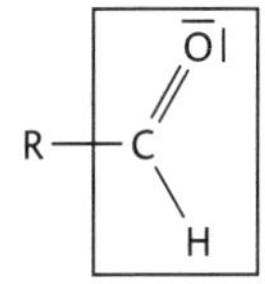

Aldehydgruppe

Die die typischen Stoffeigenschaften und das Reaktionsverhalten bestimmende Gruppe, die **funktionelle Gruppe** der Alkanale, ist die **Aldehydgruppe –CHO**. Die allgemeine Formel der Alkanale ist **$C_nH_{2n+1}CHO$**. Sie weisen deutlich niedrigere Siedepunkte als die entsprechenden Alkanole auf, denn die Alkanalmoleküle sind nicht in der Lage, untereinander Wasserstoffbrückenbindungen auszubilden. Die ersten Glieder der homologen Reihe zeichnen sich durch einen stechend unangenehmen Geruch aus und sind gut wasserlöslich, langkettige Alkanale lösen sich allerdings nur noch schlecht in Wasser und riechen angenehm frucht- bzw. blütenartig.

1.3 Redoxverhalten und Nachweisreaktionen

Redoxverhalten

In ihrem chemischen Verhalten sind Alkanale vor allem dadurch charakterisiert, dass sie als **Reduktionsmittel** fungieren können, was umgekehrt bedeutet, dass sie relativ leicht zu oxidieren sind. Bei der **Oxidation** von Alkanalen entstehen Alkansäuren (Carbonsäuren), sodass sich folgende Oxidationsreihe aufstellen lässt:

$$R{-}CH_2{-}OH \xrightarrow{-\,2\,\text{"H"}} R{-}CHO \xrightarrow{+\,\text{"O"}} R{-}COOH$$

primäres Alkanol — Alkanal — Carbonsäure

So kann Methanol zu Methanal und dieses zur Methansäure (Ameisensäure, acidum **form**icicum) oxidiert werden, eine Tatsache, die dem ersten Glied der homologen Reihe der Alkanale den Trivialnamen **Form**aldehyd eingetragen hat:

$$H_3C{-}OH \xrightarrow{-\,2\,\text{"H"}} H{-}CHO \xrightarrow{+\,\text{"O"}} H{-}COOH$$

Methanol — Methanal (Formaldehyd) — Methansäure (Ameisensäure)

Nachweise

Auch die Nachweisreaktionen für Alkanale (Aldehyde) nutzen die leichte Oxidierbarkeit der Substanzen.

Die **Fehling'sche Probe** etwa beruht darauf, dass Alkanale aus einer blauen Kupfersulfatlösung, die Cu^{2+}-Ionen enthält, unlösliches rotbraunes Kupfer(I)-oxid (Cu_2O) zu fällen vermögen. Diese Reaktion läuft nur im Alkalischen ab, was die Anwesenheit von Tartrat (siehe S. 157) als Komplexbildner für die Cu^{2+}-Ionen erforderlich macht (Oxidationszahlen siehe S. 85):

Ethanal — Kupfer(II)-Ionen (blau) — Ethansäure — Kupfer(I)-oxid (rotbraun)

Zuckermoleküle wie die der Glucose und anderer **Aldosen**[11], die eine Aldehydgruppe tragen, zeigen mit Fehling'scher Lösung ebenfalls eine positive Reaktion.

Eine ähnliche Redoxreaktion liegt der **Tollens-Probe** auf Alkanale und Aldosen zugrunde: Aus einer ammoniakalischen Silbersalzlösung kann auf der sauberen, fettfreien Innenfläche eines gläsernen Reaktionsgefäßes ein Spiegel aus einer dünnen Schicht elementaren Silbers erzeugt werden:

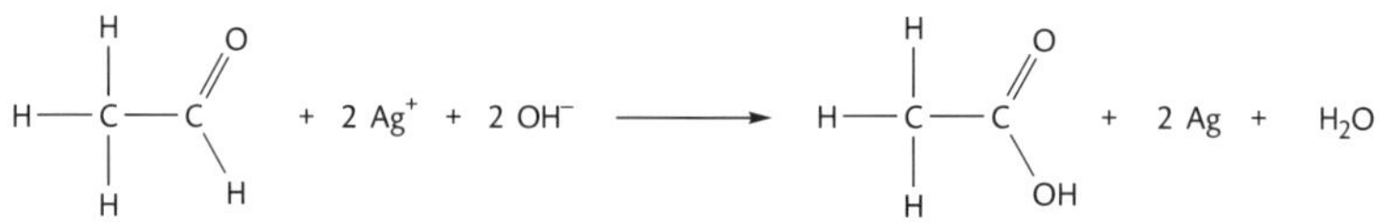

Ethanal — Ethansäure — elementares Silber („Silberspiegel")

Ein weiterer Nachweis auf Alkanale (Aldehyde) ist die Rotviolett-Färbung, die bei Umsetzung mit so genanntem **Schiffs Reagenz** (fuchsinschweflige Säure) auftritt. Die Reaktion ist allerdings wenig typisch, sie beruht nicht auf der Reduktionswirkung der Aldehyde.

11 Der Name **Aldose** bezeichnet allgemein einen Zucker mit einer Aldehydgruppe im Molekül (vgl. **Ketosen**).

1.4 Chemisches Verhalten der Carbonylgruppe

Die **Carbonylgruppe** als charakteristische Gruppe der Aldehyde bestimmt das Reaktionsverhalten dieser Stoffklassen wesentlich. Es sei im Folgenden besonders auf zwei Aspekte hingewiesen:

- Da das Sauerstoffatom aufgrund seiner hohen Elektronegativität einen **–I-Effekt** besitzt, wird das Carbonyl-Kohlenstoffatom relativ „elektronenarm" und damit positiv polarisiert. Dieses Kohlenstoffatom stellt einen Angriffspunkt für **nucleophile** Teilchen dar, zumal die Carbonylgruppe planar gebaut ist (sp^2-hybridisiertes Kohlenstoffatom) und somit eine „von oben und unten" leicht zugängliche, polare und reaktive Gruppe ist. Eine bevorzugte Reaktion der Carbonylverbindungen ist daher die **nucleophile Addition**:

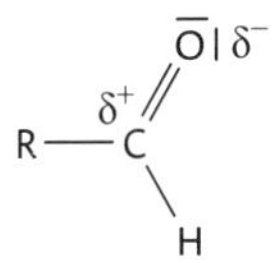

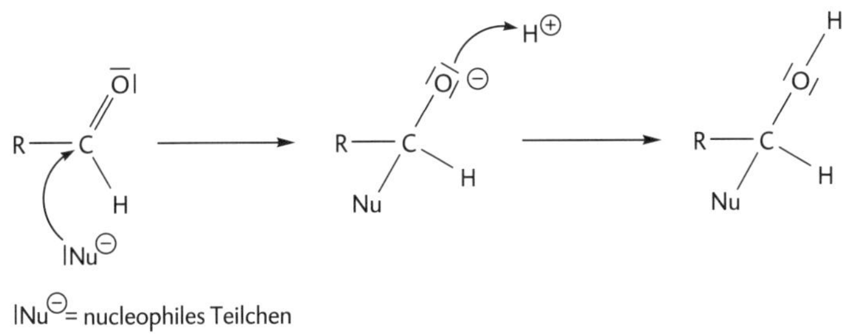

  Als ausschlaggebende Ursache für die Reaktivität der Carbonylgruppe kann dabei die **Fähigkeit** des Sauerstoffatoms angesehen werden, eine **negative Ladung** zu übernehmen.

- Die Carbonylgruppe bedingt ferner eine erhöhte **Acidität** der mit dem (benachbarten) α-Kohlenstoffatom verbundenen Wasserstoffatome, d. h. deren leichte **Abspaltbarkeit als Proton**. Wird ein Proton z. B. aus einer C–H-Bindung eines Alkans abgespalten, so entsteht ein energiereiches Carbanion. Bei Abspaltung eines Protons vom α-Kohlenstoffatom einer Carbonylverbindung entsteht aber ein Teilchen, für das sich günstige mesomere Grenzformeln formulieren lassen.

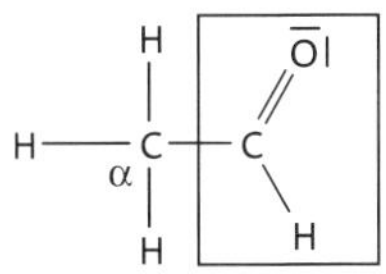

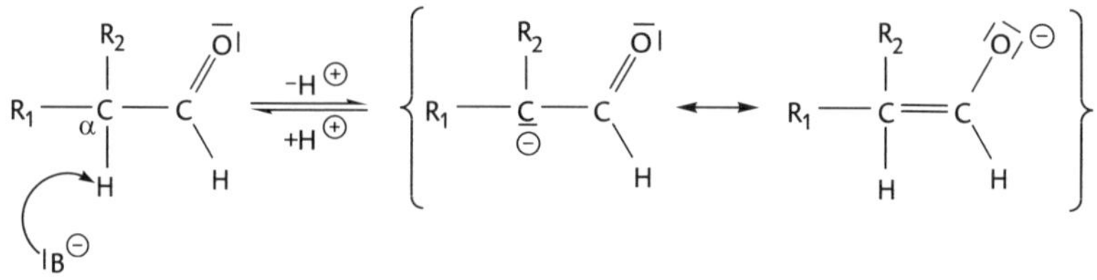

$|B^{\ominus}$ = Base

Wieder kommt die ausgeprägte **Fähigkeit** des Sauerstoffatoms, **Elektronen** zu **übernehmen**, zum Tragen. Aufgrund der Tatsache, dass die negative Ladung delokalisiert ist, finden wir bei Carbonylverbindungen mit Wasserstoffatomen am α-Kohlenstoffatom eine **erhöhte C–H-Acidität**. Die Delokalisation kann durch zwei hypothetische Grenzformeln angegeben werden, die die „wahre" Ladungsverteilung charakterisieren (siehe obige Gleichung).

Die Tatsache, dass die Carbonylgruppe im Anion einen Teil der negativen Ladung übernimmt, sodass diese „besser verteilt" ist, wird auch bei der Erklärung der Acidität der Carbonsäuren eine entscheidende Rolle spielen, bei denen das mesomeristabilisierte Carboxylatanion durch Protonenabspaltung entsteht (siehe S. 132).

Acetalbildung

Eine wichtige Reaktion der Alkanale ist die **Acetalbildung:** In einem ersten, säurekatalysierten Schritt reagieren viele **Alkanale** mit **Alkanolen** in einer Additionsreaktion zu Halbacetalen, in einem zweiten Schritt unter Wasserabspaltung zu Vollacetalen.

In der Bilanz lässt sich dies folgendermaßen formulieren:

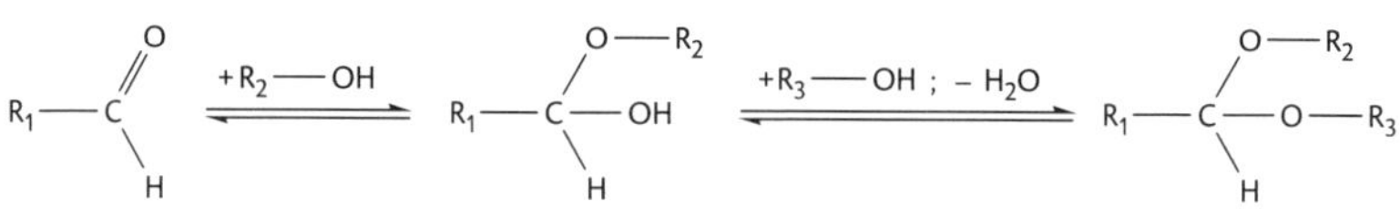

Alkanal Halbacetal Vollacetal

So bildet das aromatische Alkanal Benzaldehyd bei Reaktion mit wasserfreiem Ethanol und Chlorwasserstoff als Katalysator ein **Diethylacetal**:

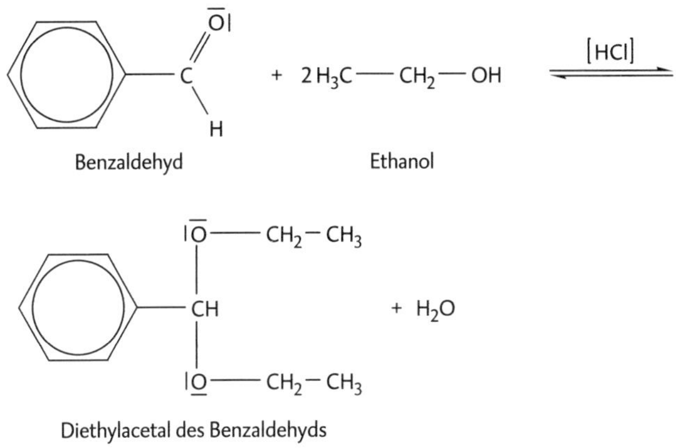

Der **Mechanismus** der Acetalbildung lässt sich in sieben Reaktionsschritten wie folgt formulieren:

1. Protonierung des Carbonyl-Sauerstoffatoms durch die Katalysatorsäure:

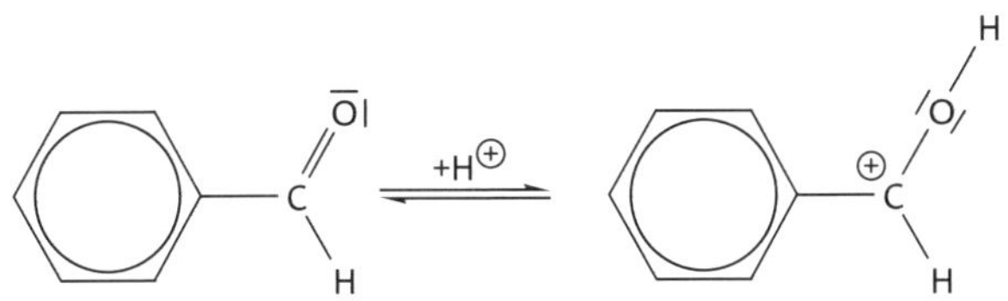

2. Addition eines Ethanolmoleküls als nucleophiles Teilchen an das **Carbeniumion**:

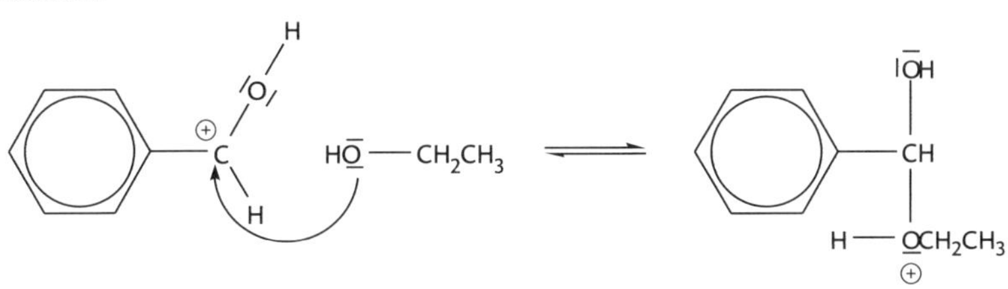

Carbeniumion

3. Deprotonierung zum **Halbacetal** unter Rückbildung der Katalysatorsäure:

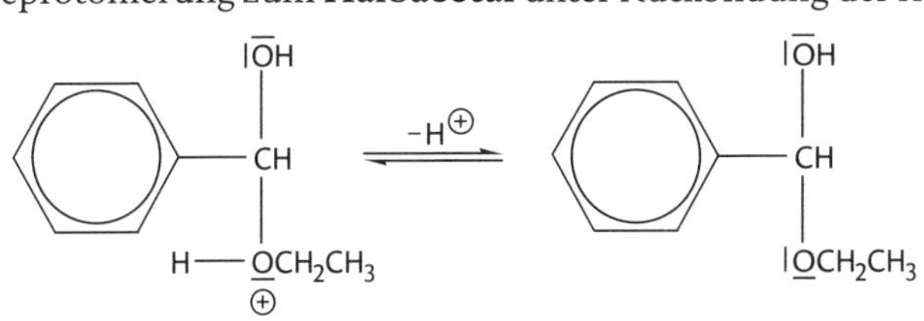

Halbacetal

Halbacetale sind gewissermaßen gleichzeitig Ether ($R_1–O–R_2$) und Alkohol ($R_3–OH$). Sie sind – von wenigen Ausnahmen abgesehen – instabil, können in diesen Fällen nicht aus dem Reaktionsgemisch isoliert werden und reagieren zu Vollacetalen weiter.

4. Protonierung der Hydroxylgruppe des Halbacetals durch die Katalysatorsäure:

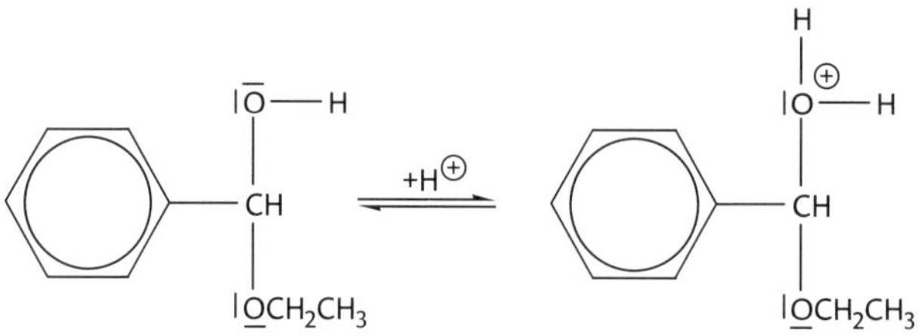

5. Abspaltung eines als „gute Abgangsgruppe" fungierenden Wassermoleküls, das dabei entstehende **Carbeniumion** ist mesomeriestabilsiert:

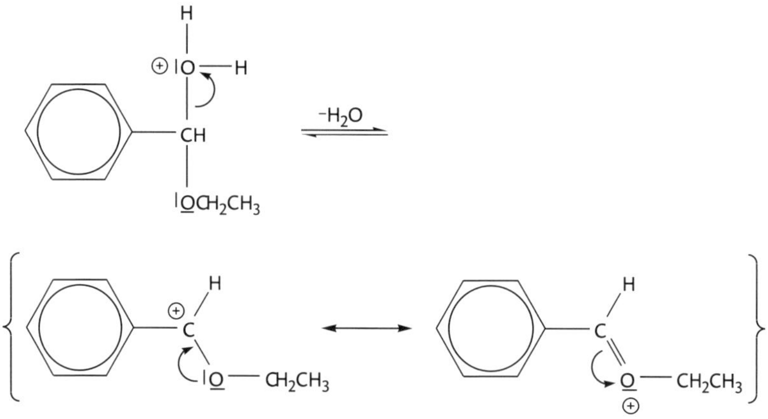

mesomeriestabilisiertes Carbeniumion

6. Addition eines Ethanolmoleküls als nucleophiles Teilchen an das Carbeniumion:

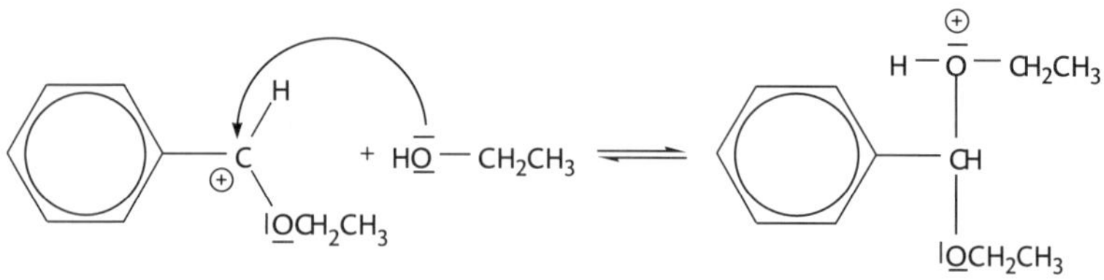

7. Deprotonierung zum **Vollacetal** unter Rückbildung der Katalysatorsäure:

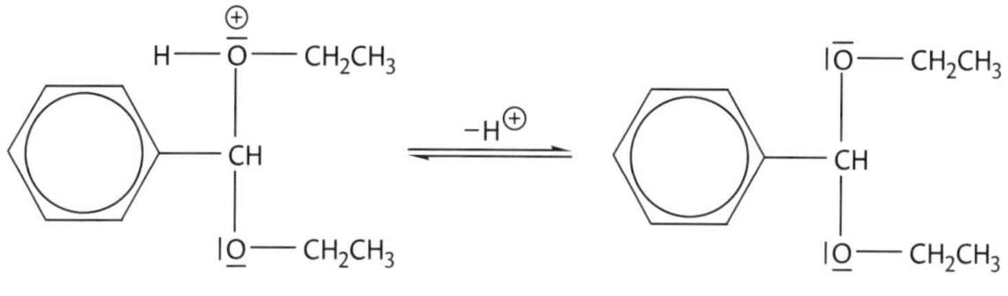

Vollacetal

Acetale hydrolysieren unter Säureeinfluss bereits bei Raumtemperatur in Aldehyde und Alkohole. Dies ist möglich, da alle oben beschriebenen Reaktionsschritte reversibel sind.
Stabil sind hingegen die **Halbacetale** der **Glucose** und anderer Monosaccharide. Bei ihnen schließt sich die offenkettige Aldehydform des Zuckers über Halbacetalbildung zum Ringmolekül **Glucopyranose**[12], das in der Regel auch zur zeichnerischen Darstellung des Glucosemoleküls gewählt wird. Bei Glucose reagiert bevorzugt die Hydroxylgruppe am C5-Atom mit der Aldehydfunktion am C1-Atom.
Tatsächlich liegt D-Glucose in wässriger Lösung als Gemisch von **α-D- und β-D-Glucopyranose** – die sich in der räumlichen Orientierung am C1-Atom des Ringmoleküls unterscheiden – und der „offenen" Kettenform vor, wobei der Anteil der Kettenform allerdings **weniger als 0,1 %** beträgt:

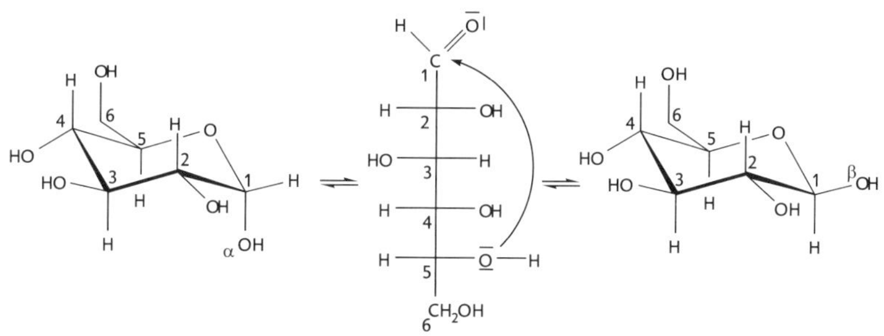
α-D-Glucopyranose β-D-Glucopyranose

Vollacetalbildung liegt schließlich vor, wenn zwei Glucosemoleküle unter Wasseraustritt zum Disaccharid (Doppelzucker) **Maltose** reagieren.

12 Der Name **Pyranose** leitet sich von dem cyclischen Ether **Pyran** ab, der strukturelle Ähnlichkeit mit der Ringform einiger Zuckermoleküle aufweist.

Aldoladdition

Unter dem Einfluss verdünnter Laugen oder Säuren können sich zwei Aldehydmoleküle oder auch Ketonmoleküle in einer Additionsreaktion zu einem **Hydroxyaldehyd** bzw. Hydroxyketon vereinigen. Da die entstehenden Produktmoleküle neben der **Aldehydfunktion –CHO** *(Ald-)* auch eine **Alkoholfunktion –OH** *(-ol)* besitzen, bezeichnet man sie als **Aldole**, die entsprechende Reaktion als **Aldoladdition**.

Beispiel

Aus zwei Molekülen Ethanal entsteht basenkatalysiert ein Molekül 3-Hydroxybutanal (β-Hydroxybutyraldehyd), wobei im Verlaufe der Reaktion das α-Kohlenstoffatom des ersten an das Carbonyl-Kohlenstoffatom des zweiten Aldehydmoleküls angelagert wird:

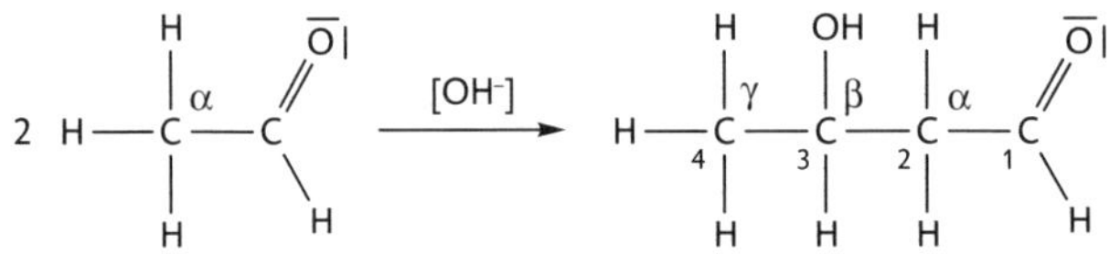

Die Angabe der Stellung der Hydroxylgruppe erfolgt bei Benennung des Produktes nach der **IUPAC-Nomenklatur** durch Angabe der entsprechenden Ziffer, bei Benennung mit dem Trivialnamen (im Beispiel Butyraldehyd) unter Verwendung griechischer Buchstaben – in obigem Fall also des Buchstabens **β**.

Aus der Betrachtung des Reaktionsmechanismus (siehe anschließender Abschnitt) wird ersichtlich, dass Aldehyde ohne α-Kohlenstoffatom keine Aldoladdition eingehen können. Bei solchen Carbonylverbindungen treten im stark alkalischen Milieu dafür aber so genannte **Cannizzaro-Reaktionen** auf (siehe S. 107).

Im ersten Schritt der **Aldoladdition** spaltet ein Hydroxidion (OH^-) unter Bildung eines mesomeriestabilsierten **Carbanions** ein **Proton** vom **α**-Kohlenstoffatom des Aldehyds ab:

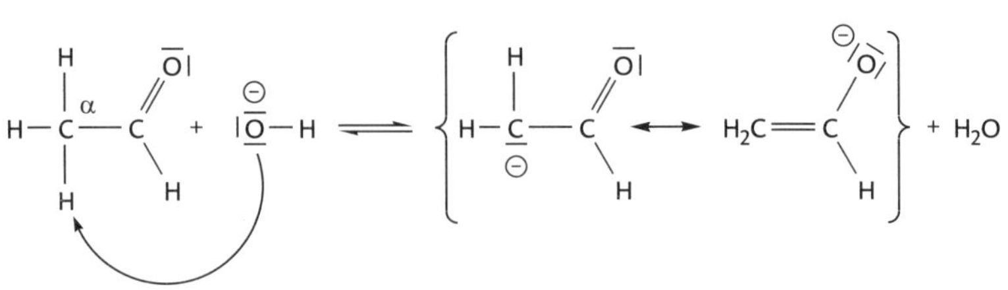

Das Carbanion als **nucleophiles Teilchen** lagert sich im zweiten Schritt der Reaktion an das positiv polarisierte Carbonyl-Kohlenstoffatom eines weiteren Aldehydmoleküls an:

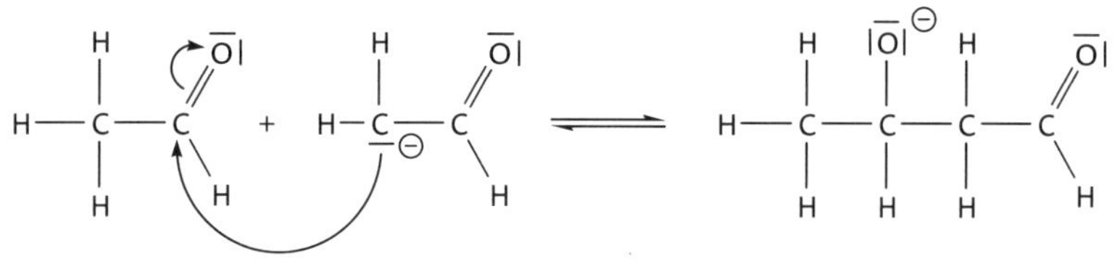

Durch Protolyse[13] entsteht dann im dritten Schritt das Aldolmolekül und das Hydroxidion wird rückgebildet, womit es als Katalysator für den weiteren Stoffumsatz zur Verfügung steht:

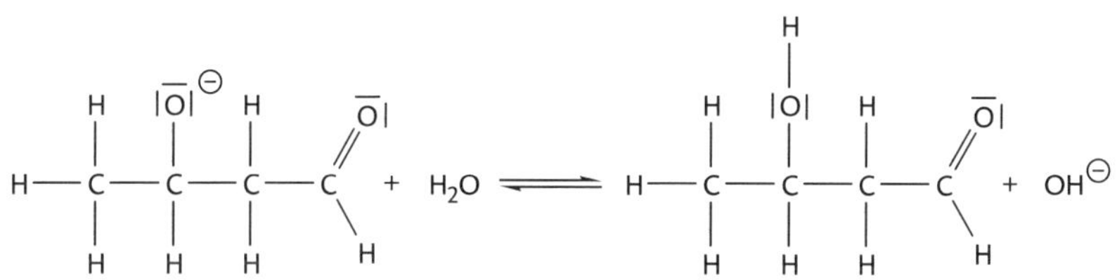

Betrachtet man den Mechanismus der Aldolreaktion, so erkennt man, dass das Carbonyl-Sauerstoffatom in doppelter Hinsicht reaktionsfördernd wirkt (siehe auch S. 101 f.):

1. Es steigert die **Acidität** der **α-Wasserstoffatome** und ermöglicht so die Bildung des mesomeriestabilisierten Anions im ersten Schritt.
2. Es bewirkt die **positive Partialladung** des Carbonyl-Kohlenstoffatoms, auf welches der **nucleophile Angriff** im zweiten Schritt der Reaktion erfolgt.

Cannizzaro-Reaktionen

Aldehyde, die **keine α-Wasserstoffatome** besitzen, können **keine Aldol-Additionen** eingehen. Bei ihnen laufen im Alkalischen so genannte **Cannizzaro-Reaktionen** ab.

Alkanale wie Formaldehyd (Methanal) H–CHO und Benzaldehyd C_6H_5–CHO können sich im stark alkalischen Milieu **selbst** zu einem Gemisch aus Alkanol (Alkohol) und dem Salz einer Carbonsäure **reduzieren** und **oxidieren**.

13 Unter einer **Pyrolyse** versteht man eine chemische Reaktion, bei der eine Säure (Protonendonator) Protonen an eine Base (Protonenakzeptor) abgibt.

Abb. 29: Stanislao CANNIZZARO.

Reaktionen dieser Art werden als **Cannizzaro-Reaktionen** bezeichnet. So reagiert Methanal mit 50%-iger Natronlauge zu Methanol und dem Natriumsalz der Methansäure (Ameisensäure):

$$2\ \overset{0}{H}CHO + Na^+OH^- \longrightarrow \overset{-II}{C}H_3OH + H\overset{+II}{C}OO^-Na^+$$

Methanal Natronlauge Methanol Natriummethanoat (Natriumformiat)

Setzt man zwei verschiedene Aldehyde als Edukte ein, so ist eine ganze Palette an Produkten vorstellbar. Ist aber Methanal einer der beiden Aldehyde, so entsteht fast ausschließlich **Natriummethanoat** und der dem zweiten Ausgangs-Aldehyd entsprechende Alkohol.

Beispiel

$$C_6H_5CHO + HCHO + Na^+OH^-(aq) \longrightarrow C_6H_5CH_2OH + HCOO^-Na^+$$

Benzaldehyd Methanal Natronlauge Benzylalkohol Natriummethanoat (Natriumformiat)

Die Hydroxidionen greifen bevorzugt die sehr **reaktive Carbonylgruppe** des Methanals nucleophil an, sodass im zweiten Reaktionsschritt Formaldehyd als **Hydrid-Donator** fungiert, also **oxidiert** wird und damit das aromatische Aldehyd als **Hydrid-Akzeptor** fungiert, also **reduziert** wird.

Der **Mechanismus** der Cannizzaro-Reaktion lässt sich wie folgt formulieren:

1. nucleophiler Angriff auf das Methanalmolekül:

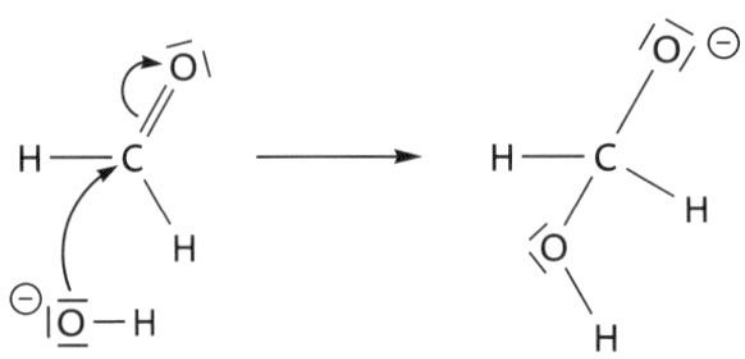

2. Hydridübertragung:

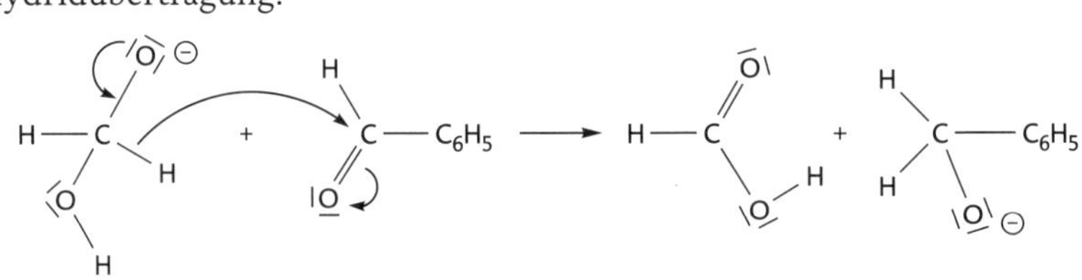

Benzaldehyd Methansäure

3. Umprotonierung:

$$C_6H_5CH_2O^-Na^+ + HCOOH \longrightarrow C_6H_5CH_2OH + HCOO^-Na^+$$

	Methansäure		Benzylalkohol	Natriummethanoat (Natriumformiat)

Einige Alkanale wie Methanal (Formaldehyd) und Ethanal (Acetaldehyd) zeigen eine recht starke Tendenz zur **Polymerisation**. Dampft man wässrige Methanallösungen ein, die auch „Formalin" genannt werden, so entsteht niedermolekulares **Paraformaldehyd**. Seine Moleküle haben die lineare Struktur $HO{-}(CH_2{-}O{-})_{\mathbf{n}}{-}CH_2{-}OH$, wobei **n** kleinen Zahlen entspricht. Bei dem hochpolymeren **Polyformaldehyd** (Polyoxymethylen; POM) – **n** steht hier für große Zahlen – handelt es sich um einen thermoplastischen Kunststoff mit vielfältigen Anwendungsmöglichkeiten wie der Herstellung von Zahnrädern, Gehäusen, Schrauben, Rollen, Federn oder Ventilen.
Aus gasförmigem Methanal kann sich ein cyclisches Trimeres in Form feiner Nadeln abscheiden. Die Verbindung wird **Trioxymethylen** (1,3,5-Trioxan) genannt und besitzt einen Schmelzpunkt von 63 °C:

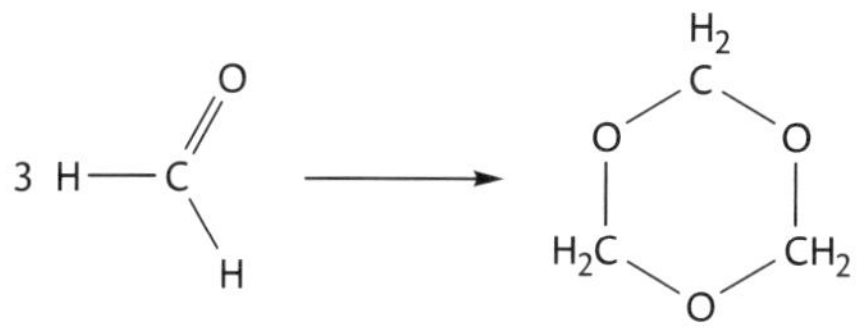

Trioxymethylen

Acetaldehyd kann in einer analogen, säurekatalysierten Reaktion zum flüssigen **Paraldehyd** (Paraacetaldehyd) mit einem Siedepunkt von 124 °C trimerisieren:

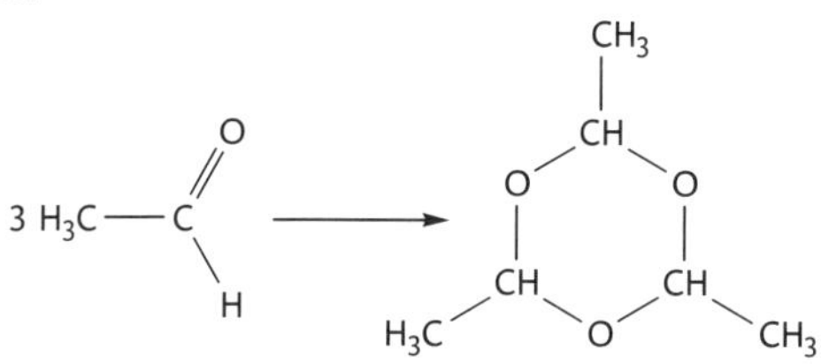

Paraldehyd

Die cyclischen Trimere wirken nicht reduzierend, da die Ringmoleküle keine freien Aldehydgruppen enthalten. Die Nachweisreaktionen auf Alkanale fallen demnach negativ aus.

1.5 Wichtige Alkanale im Überblick

Methanal (Formaldehyd) ist das Oxidationsprodukt des Methanols, die **Oxidation** mit Luftsauerstoff unter der katalytischen Wirkung von Silber bei 600 °C stellt eine mögliche Synthese dar:

$$2\,H_3C{-}OH + O_2 \xrightarrow[600\,^\circ C]{[Ag]} 2\,H_2C{=}O + 2\,H_2O$$

Methanal kann technisch aber auch durch direkte **Oxidation von Methan** mit Luftsauerstoff bei 450 °C und unter Druck synthetisiert werden, wobei Methanol als Nebenprodukt entsteht:

$$CH_4 + O_2 \xrightarrow[450\,^\circ C]{Druck} H_2C{=}O + H_2O$$

Methanal ist ein stechend riechendes Gas, das sich gut in Wasser löst. Eine ca. 38 %-ige wässrige Lösung ist unter dem Namen **Formalin** oder Formol bekannt. Bei Lysoform handelt es sich um den Handelsnamen einer 7,7 %-igen wässrigen Methanallösung zu Desinfektionszwecken.
Eine bedeutsame Quelle für Methanal ist Tabakrauch, denn wenn mehrere Personen in einem Raum rauchen, werden leicht Konzentrationen von bis zu 0,6 ppm[14] des schleimhautreizenden Gases in der Luft erreicht.
Die Wahrnehmungsschwelle für Methanal liegt bei 0,05 ppm, ab Konzentrationen von 0,15 ppm kommt es zur Reizung der Augen, ab 0,20 ppm zur Reizung der Schleimhäute in Nase und Rachenraum. Ist man einer Konzentration von 0,85 ppm für 10 Minuten ausgesetzt, so beschleunigt sich die Atmung und das **EEG** (**E**lektro**e**ncephalo**g**ramm zur Messung der Gehirnströme) zeigt deutliche Veränderungen. 10 ppm Methanal über eine Expositionszeit von 10 Minuten führen zu starkem Tränenfluss, Brennen in Augen, Nase und Rachen, zu Husten und Atemnot auch noch nach Beendigung der Schadstoffeinwirkung. Lebensgefahr droht ab Konzentrationen von 30 ppm. Methanal ist also ein gefährlicher Stoff, um so mehr, da er im Verdacht steht, **karzinogen** (krebsauslösend) zu wirken.
Der **MAK**-Wert (**M**aximale **A**rbeitsplatz-**K**onzentration) für Methanal beträgt 0,5 ppm, der Richtwert, den das Bundesgesundheitsamt für Wohnräume angibt aber nur 0,1 ppm. Seit 1989 dürfen nach der Gefahrstoffverordnung demnach Spanplatten und daraus hergestellt Möbel nicht mehr verkauft werden, wenn sie mehr als 0,1 ppm Formaldehyd abgeben, denn das aus den Furnieren

14 ppm = parts per million, d. h. 1 Teil auf 1 000 000 Teile.

und Spanplatten freigesetzte Methanal belastete die Atemluft der Wohnräumen noch vor wenigen Jahren z. T. in erheblichem Maße. Die Weltgesundheitsorganisation WHO empfiehlt zur Verminderung der Risiken sogar 0,05 ppm als Grenzwert.

Als chemische Grundsubstanz wird das Gas Methanal industriell in sehr großen Mengen synthetisiert. Es fand früher, wie erwähnt, Verwendung vor allem zur Herstellung des Leims, der die Späne in Spanplatten zusammenhält. Das zweitgrößte Einsatzgebiet für Methanal ist – auch heute noch – die Herstellung von Autolacken und Kunststoffen (Pheno- und Aminoplaste).

Methanal kommt auch in Kosmetika zum Einsatz – Fingernagelhärter enthält z. B. bis 5 % Methanal – sowie in Desinfektionsmitteln, da es die Proteine von Mikroorganismen wie Bakterien und Schimmelpilzen zu denaturieren vermag. Wegen der letztgenannte Eigenschaft wird Formalin zum Konservieren und Härten von biologischen und medizinischen Präparaten verwendet.

Es soll nicht unerwähnt bleiben, dass Methanal ein auch in der Natur vorkommender Stoff ist, der z. B. bei unvollständigen Verbrennungsprozessen und beim fotochemischen Abbau von Methan in der Luft entsteht. So beruht die desinfizierende Wirkung des Räucherns von Fleischwaren u. a. auf dem geringen Methanalanteilen im Holzrauch. Auch in Reinstluftgebieten findet man Methanal in der Luft, z. B. etwa 0,005 ppm in Meeresluft. Deutsche Großstadtluft enthält im Vergleich dazu durchschnittlich 0,016 ppm Methanal.

Ethanal (Acetaldehyd) ist das Oxidationsprodukt des Ethanols. Im Labor lässt es sich durch **Oxidation von Ethanol** mit Kaliumdichromat ($K_2Cr_2O_7$) als Oxidationsmittel und Schwefelsäure herstellen:

$$3\ H_3C{-}CH_2{-}OH + Cr_2O_7^{2-} + 8\ H_3O^+ \longrightarrow$$

$$3\ H_3C{-}CH{=}O + 2\ Cr^{3+} + 15\ H_2O$$

grün

Genau diese Reaktion liegt auch den **Alcotest-Röhrchen** zugrunde, mit denen Polizeibeamte den Test auf Trunkenheit am Steuer durchführen. Im Röhrchen befindet sich ein Gemisch aus Kieselgel, gelbem Kaliumdichromat und Schwefelsäure. Wird alkoholhaltige Atemluft durch das Teströhrchen geblasen, so erfolgt ein Farbumschlag nach Grün. Diese Farbe ist charakteristisch für Chrom in der Oxidationsstufe +III (Cr^{3+}), das bei der mit der Oxidation des Ethanols gekoppelten Reduktion des Kaliumdichromats entsteht.

Ethanal lässt sich auch nach folgendem Reaktionsschema auch durch direkte **Oxidation von Ethen** synthetisieren:

$$2\,H_2C{=}CH_2 \; + \; O_2 \xrightarrow{[Pd]} 2\,H_3C{-}CH{=}O$$

Eine dritte Synthesemöglichkeit ist die **Anlagerung von Wasser an Ethin** (Acetylen), die chemisch interessant, aber heute nicht mehr aktuell ist. Dabei entsteht zunächst ein **Enol**, welches sich dann in das stabilere Ethanal umlagert (siehe S. 38). Die Silbe ***En-*** verweist auf eine Doppelbindung im Produktmolekül, die Silbe -***ol*** auf eine Hydroxylgruppe an der Doppelbindung:

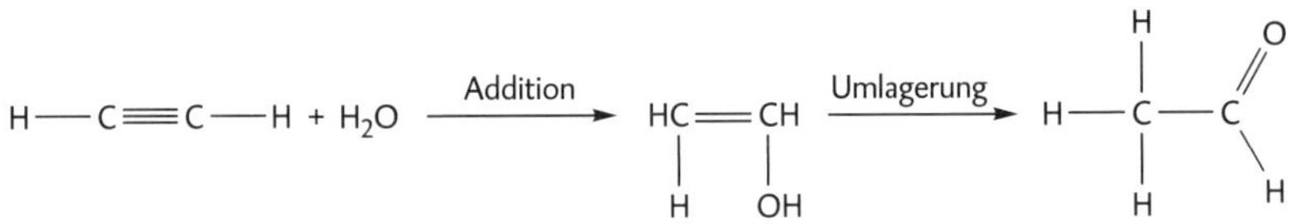

Ethin — Enol (Ethenol) — Aldehyd (Ethanal)

In der chemischen Industrie ist Ethanal ein wichtiges Zwischenprodukt bei zahlreichen Synthesen, so bei der Produktion der Essigsäure und ihrer Derivate. Als Nebenprodukt der alkoholischen Gärung ist das giftige Ethanal in allen alkoholischen Getränken in geringen Konzentrationen vorhanden. Die oxidative „Entgiftung" des Ethanols in unserer Leber verläuft ebenfalls über die Stufe des Aldehyds. Ethanal ist schließlich entscheidend am Joghurtaroma beteiligt, seine Konzentration liegt aber in „guten Produkten" bei nur 13–16 µg/kg.

Als ungesättigtes Aldehyd oder **Alkenal** soll abschließend das **Propenal** (auch **Acrolein** oder Acrylaldehyd) vorgestellt werden. Acrolein ist eine farblose, zu Tränen reizende Flüssigkeit, deren Dämpfe einen beißenden Geruch haben. Sie bilden sich aus dem Fettbestandteil **Glycerin**, wenn Fette überhitzt, also auf Temperaturen von über 300 °C erwärmt werden (siehe S. 75):

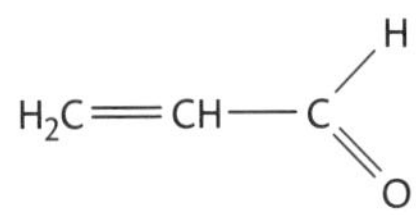

Propenal
(Acrolein)

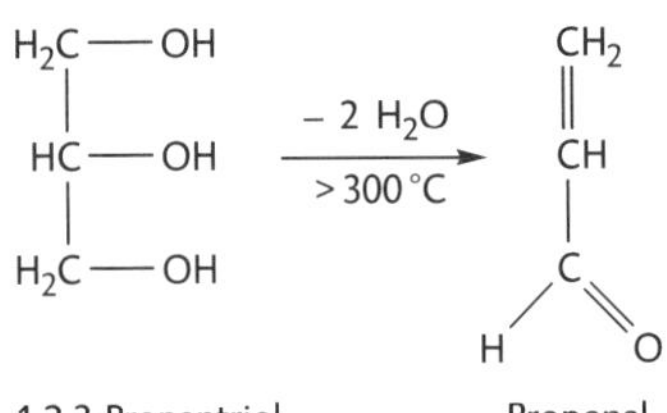

1,2,3-Propantriol (Glycerin) — Propenal (Acrolein)

Der Name Acrolein verweist somit auf den Geruch (lat. *acer*: scharf) und die Entstehung (lat. *oleum*: Öl) der „unangenehmen“ Verbindung. Acroleindämpfe sind sehr giftig, sie verursachen starke Reizungen der Augen, der Haut, der Schleimhäute und des Lungengewebes. Der MAK-Wert beträgt 0,1 ppm (vgl. Methanal: 0,5 ppm), weshalb Speisefette niemals über 200 °C erhitzt und häufig wiederaufgewärmte Fette und Öle, z. B. in Friteusen, höchstens dreimal verwendet werden sollten. Propenal kann leicht zu Propensäure (Acrylsäure) oxidiert werden (siehe S. 130).

2 Alkanone

Analog zur Reaktion des primären Alkanols Ethanol mit Kupfer(II)-oxid (siehe S. 98) lässt sich eine entsprechende Gleichung für die Umsetzung des sekundären Alkanols 2-Propanol formulieren:

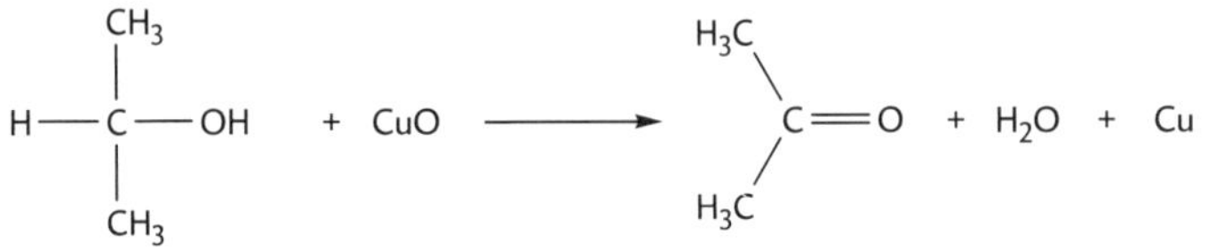

2-Propanol | Kupfer(II)-oxid (schwarz) | Propanon | Kupfer (rot)

Kupfer(II)-oxid als Oxidationsmittel überführt 2-Propanol in ein **Alkanon (Keton)**, das den systematischen Namen **Propanon** und den Trivialnamen **Aceton** trägt.

Alkanonmoleküle besitzen zwei an die **Carbonylgruppe** gebundene Alkylreste. Diese können in symmetrischen Alkanonen identisch (**R_1–CO–R_1**) in gemischten Alkanonen (**R_1–CO–R_2**) verschieden sein.

Bei Alkanonen ist die Carbonylgruppe **mittelständig**, während sie bei der zuvor abgehandelten ersten Klasse der Carbonylverbindungen, den Alkanalen **endständig** ist:

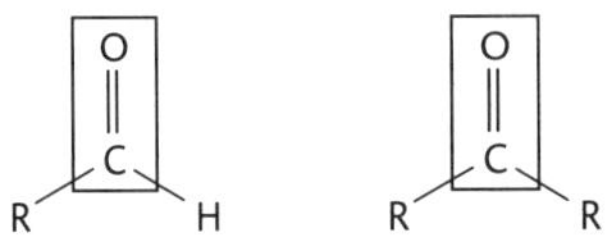

Alkanal | Alkanon

Nach den IUPAC-Regeln erfolgt die Benennung anhand der längsten Kohlenstoffkette, die die Carbonylfunktion einschließt. Diese wird als Grundgerüst genommen und an den Namen des entsprechenden Alkans das Suffix *-on* angehängt. Die Stellung der Carbonylgruppe wird dabei in gewohnter Weise mit der möglichst niedrigen Ziffer angegeben. Auch folgende Benennung ist noch geläufig: An die Bezeichnungen für die Alkylreste der Carbonylgruppe wird der Stoffklassenname *-keton* angehängt.

Beispiele

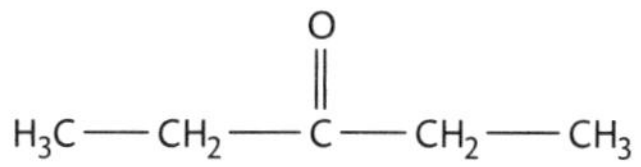

3-Pentanon
(Diethylketon)

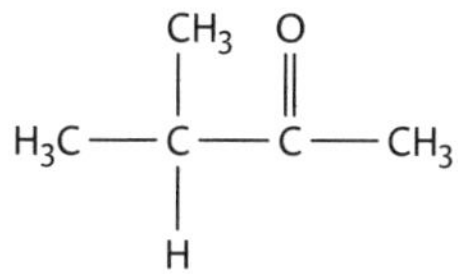

3-Methyl-2-butanon
(Isopropylmethylketon)

Das wichtigste Alkanon ist **Propanon**. Sein Trivialname **Aceton** bezieht sich auf die historische Synthese, in der man diese Verbindung durch Pyrolyse aus Calciumacetat, dem Calciumsalz der Essigsäure (siehe S. 156) gewann:

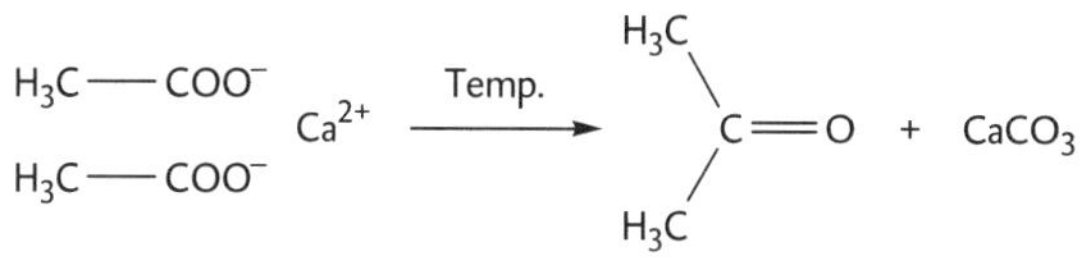

Calciumacetat — Aceton (2-Propanon) — Calciumcarbonat (Kalk)

Großtechnisch kann Aceton durch **Luftoxidation von Propen** im so genannten Wacker-Verfahren hergestellt werden:

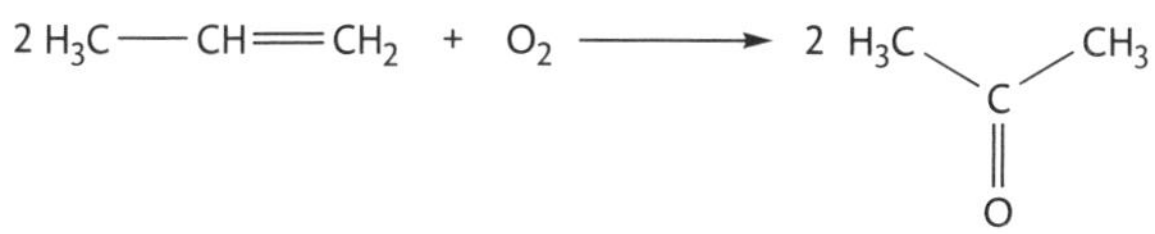

Eine weitere Synthesemöglichkeit ist die **katalytische Dehydrierung von 2-Propanol** bei 250 °C:

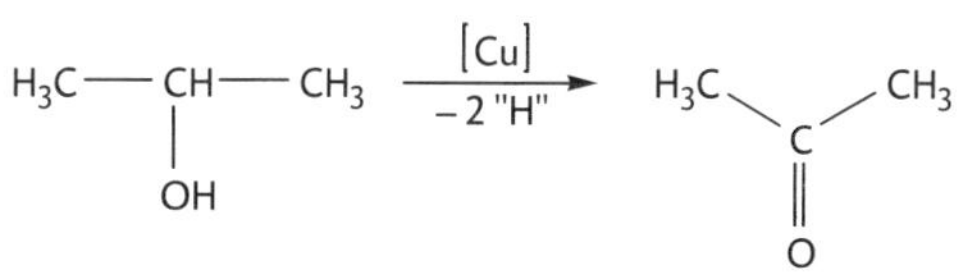

Aceton ist ein ausgezeichnetes **Lösungsmittel**, da es sowohl mit Wasser, Ethanol und Ether wie auch mit vielen hydrophoben Stoffen gut mischbar ist und Öle, Fette und Harze zu lösen vermag. Die Verbindung besitzt einen nicht unangenehmen, aromatischen Geruch, der Siedepunkt der farblosen, feuergefährlichen Flüssigkeit liegt bei 56 °C.
Bei der Zuckerkrankheit (Diabetes) tritt Aceton als anormales Stoffwechselprodukt auf. Infolge gesteigerten Fettabbaus kommt es zu stark erhöhten Werten

für die freien Fettsäuren (siehe S. 130) im Blut, die zu Ketonen wie Aceton abgebaut werden, welche sich dann im Harn nachweisen lassen. Dieses Phänomen wird dementsprechend als Acetonurie oder Ketonurie bezeichnet. Im kritischen Stadium eines diabetischen Koma riecht dann sogar der Atem des Patienten nach Aceton.

Im Labor wird oft **2-Butanon** (Methylketon) $CH_3{-}CO{-}C_2H_5$ als Acetonersatz verwendet. Die klare Flüssigkeit mit einem Siedepunkt von 80 °C kann völlig analog zu Aceton nach dem Wacker-Verfahren (Luftoxidation von 1-Buten) oder durch katalytische Dehydrierung von 2-Butanol hergestellt werden.

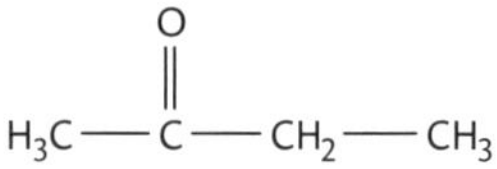

2-Butanon

Die typischen Reaktionen von Carbonylverbindungen wie nucleophile Additionen wurden im Kapitel über die Alkanale bereits ausführlich besprochen. Hingewiesen werden soll hier aber noch auf die Erscheinung der so genannten **Keto-Enol-Tautomerie** bei Carbonylverbindungen, die **acide α-Wasserstoffatome** besitzen.

Unter **Tautomerie** (griech. *to auton meros*: der gleiche Teil) versteht man eine spezielle Erscheinungsform der **Isomerie,** bei der eine Substanz in **zwei Formen** vorliegt, die miteinander **im Gleichgewicht** stehen und sich reversibel ineinander **umlagern** können.

Die beiden Isomere unterscheiden sich dabei lediglich in der Position einer „beweglichen“ Gruppe (z. B. eines Protons) und in der Lage einer Doppelbindung. Der Vorgang der Umlagerung stellt eine **chemische Reaktion** dar und wird mit den für Gleichgewichtsreaktionen üblichen Doppelpfeilen symbolisiert, die Lage der Gleichgewichte ist allgemein konzentrations-, temperatur- und lösungsmittelabhängig.

So befindet sich in Ketonen immer ein gewisser Anteil von Teilchen in der **Enol**form (siehe S. 112), die ihren strukturellen Merkmalen nach **ungesättigte Alkanole** sind, d. h. Moleküle mit einer **Hydroxylgruppe** an einer **Doppelbindung**.

Die Ketoform ist jedoch in der Regel energetisch gegenüber der Enolform eindeutig begünstigt, Aceton liegt z. B. zu nur etwa 0,00025 % in seiner Enolform vor:

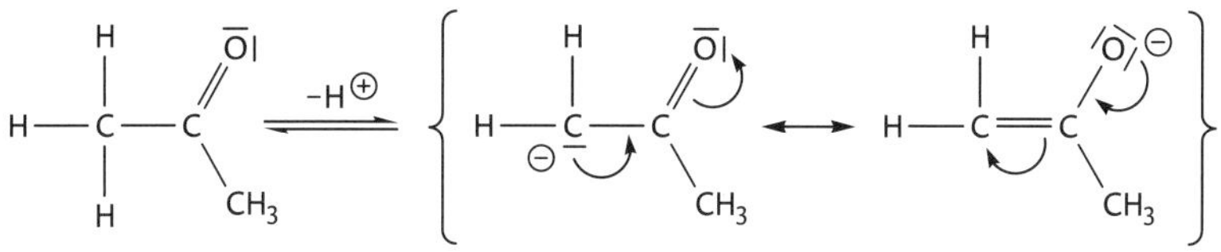

Propanon
(99,99975 %)

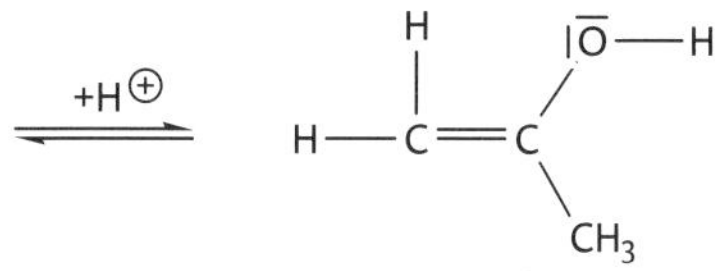

Propen-2-ol
(0,00025 %)

Bei Möglichkeit zur Ausbildung von **intramolekularen** Wasserstoffbrückenbindungen – wie etwa bei **Diketonen** – die zu einer deutlichen energetischen **Stabilisierung** des betreffenden Moleküls führen, kann das Ausmaß der Enolisierung aber erheblich steigen.

Beispiel

2,4-Pentandion
(ein Diketon)
(10 %)

intramolekulare Wasserstoffbrücke
stabilisiert die Enolform
(90 %)

Eine wichtige Rolle spielt die Keto-Enol-Tautomerie bei den Nachweisreaktionen auf Zucker wie der **Fehling'schen Probe**, bei der nur **reduzierende** Monosaccharide mit einer **Aldehydfunktion**, z. B. die Aldohexose Glucose (siehe S. 78) eine posive Reaktion ergeben sollten. Ketosen[15] wie die Fructose (siehe S. 78) können nicht reduzierend wirken, denn Ketone sind allgemein nicht zu Carbonsäuren „aufoxidierbar".

15 Der Name **Ketose** bezeichnet einen Zucker mit einer Ketogruppe im Molekül (vgl. **Aldose**).

Allerdings kann sich in stark alkalischem Milieu, in dem die Probe durchgeführt wird, die **Ketose** über ein **Endiol** in eine **Aldose**, die Glucose **umlagern**, sodass auch Fructose einen positiven Fehling-Nachweis hervorruft:

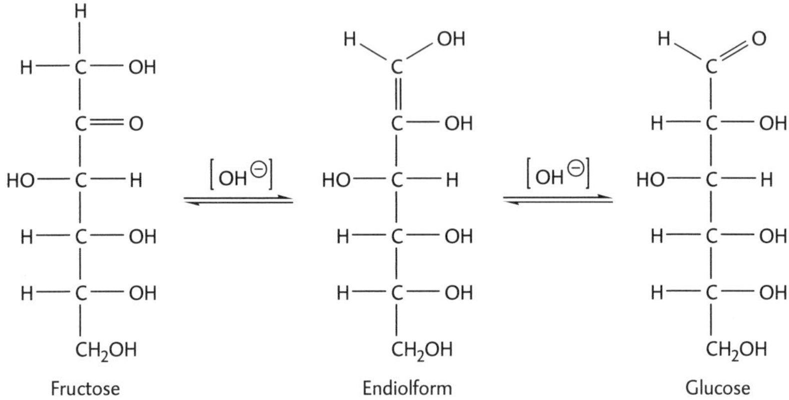

Zusammenfassung

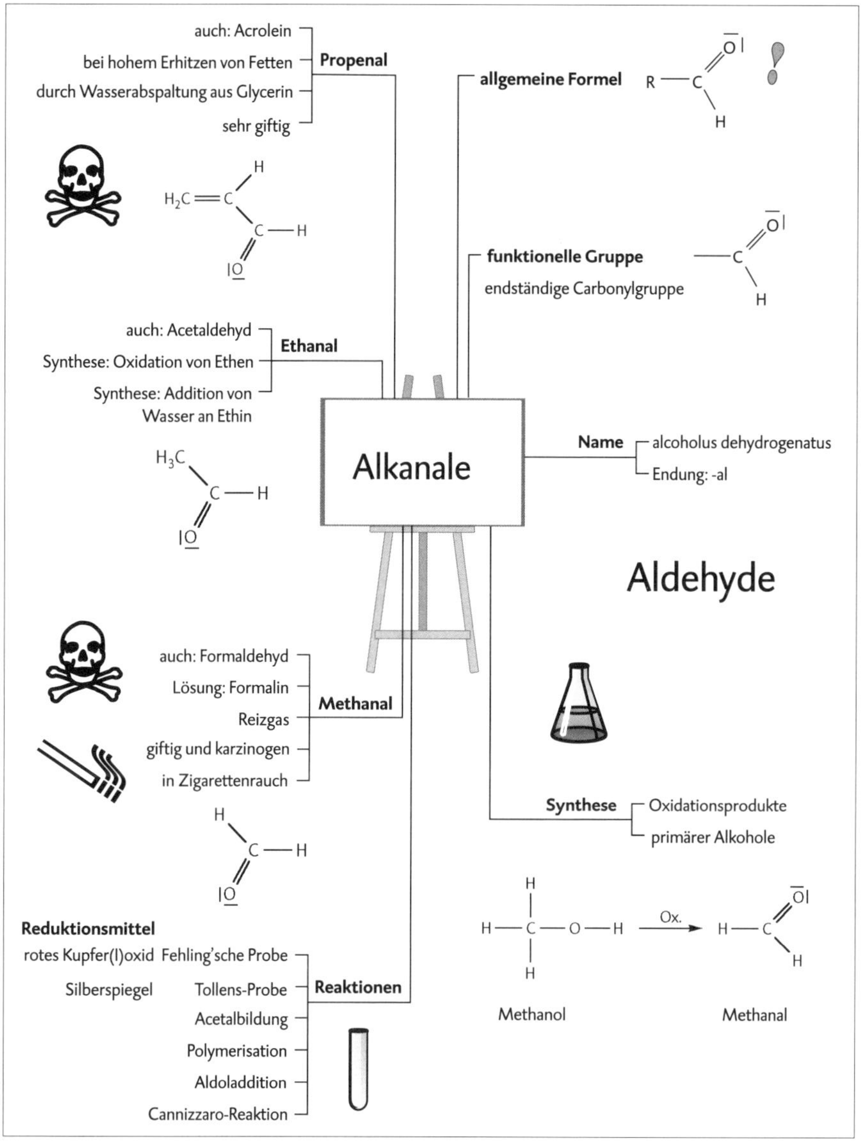

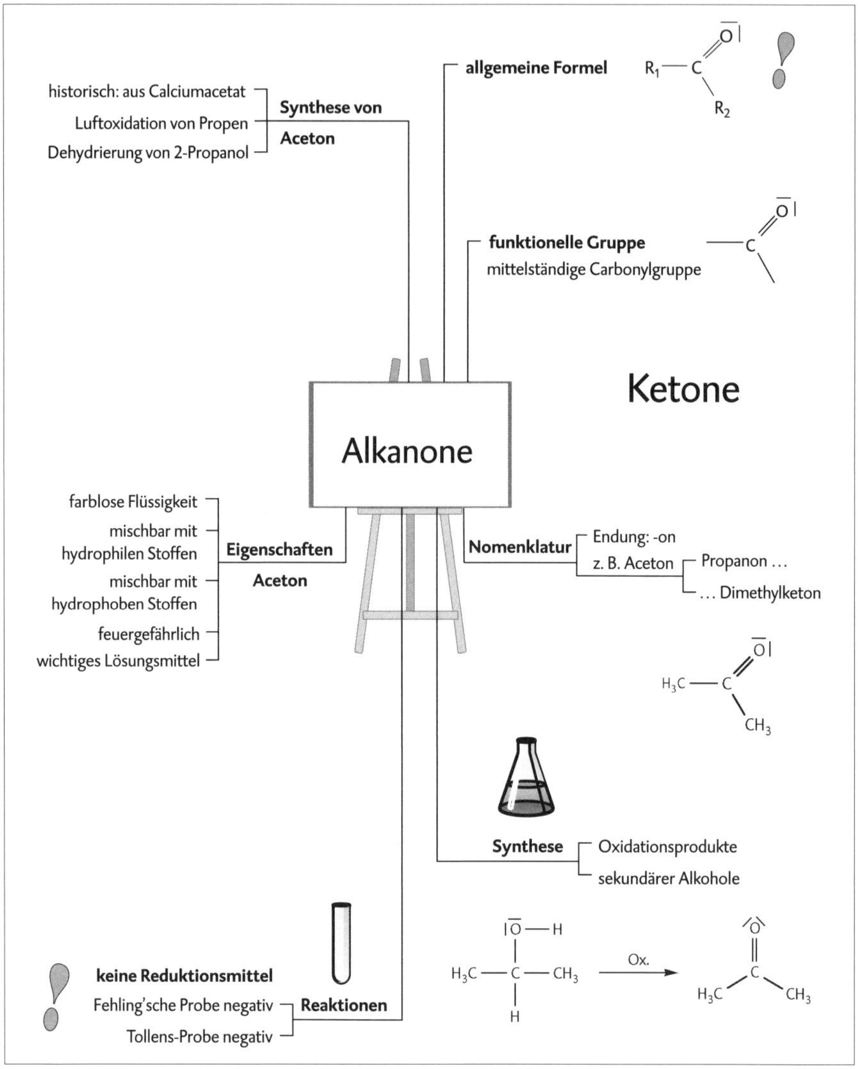
Ketone
Alkanone
allgemeine Formel
R_1
C
O
R_2
funktionelle Gruppe
mittelständige Carbonylgruppe
Synthese von
Aceton
historisch: aus Calciumacetat
Luftoxidation von Propen
Dehydrierung von 2-Propanol
Eigenschaften
Aceton
farblose Flüssigkeit
mischbar mit
hydrophilen Stoffen
mischbar mit
hydrophoben Stoffen
feuergefährlich
wichtiges Lösungsmittel
Nomenklatur
Endung: -on
z. B. Aceton
Propanon …
… Dimethylketon
H_3C
CH_3
Synthese
Oxidationsprodukte
sekundärer Alkohole
Ox.
Reaktionen
keine Reduktionsmittel
Fehling'sche Probe negativ
Tollens-Probe negativ

- Alkanale zeigen eine ganze Reihe hochinteressanter Reaktionen. Als **Oxidationsprodukte primärer Alkanole** lassen sie sich ihrerseits leicht zu Alkansäuren (Carbonsäuren) oxidieren. Auf dieser Tatsache beruhen die **Nachweisreaktionen** nach FEHLING und TOLLENS. Die typische Reaktion der Alkanale ist die **nucleophile Addition**.
  Bemerkenswert ist die **erhöhte Acidität** der Wasserstoffatome an zur Carbonylgruppe benachbarten (α-) Kohlenstoffatomen. Charakteristische Reaktionen sind daher die **Acetalbildung** (Reaktion mit Alkanolen), die **Aldoladdition** und die **Cannizzaro-Reaktion**.
  Der einfachste Aldehyd ist gasförmig, heißt Methanal oder Formaldehyd und ist ein problematischer Gefahrenstoff. Zugleich ist Methanal eine wichtige Grundsubstanz der chemischen Industrie.

- Alkanone (Ketone) sind **Oxidationsprodukte sekundärer Alkanole** und im Unterschied zu den Alkanalen nicht zu Alkansäuren oxidierbar. Der wichtigste Vertreter der Stoffklasse, das Propanon (Aceton) ist ein hervorragendes Lösungsmittel, da es sowohl lipophile als auch hydrophile Substanzen zu lösen vermag.
  Ketone können sich in unterschiedlichem Umfang in **Enole** umlagern.

Carbonsäuren

Der einfachste Vertreter der Stoffklasse der Carbonsäuren ist die Methansäure. Ihren Trivialnamen Ameisensäure trägt die organische Säure u. a., weil sie in reiner Form erstmals aus Ameisen gewonnen wurde. Diese Insekten nutzen die stark ätzende, flüchtige Verbindung zur Verteidigung und als Pheromon, d. h. zur innerartlichen Kommunikation.

1 Die Stoffklasse der Carbonsäuren

Carbonsäuren sind **Oxidationsprodukte primärer Alkohole** (Alkanole). So kann der bekannteste Alkohol, das Ethanol, in einem ersten Oxidationsschritt zum Aldehyd Ethanal und in einem zweiten zur Ethansäure, besser bekannt unter ihrem Trivialnamen Essigsäure, oxidiert werden. **Oxidation** kann man allgemein als Einbau eines Sauerstoffatoms („Sauerstoffaufnahme") in eine Kohlenstoff-Wasserstoff-Bindung verstehen.
Die formale Herleitung der Formel einer Carbonsäure soll an der zuvor vorgestellten Reaktion veranschaulicht werden:

Vom Ethan zum Ethanol:

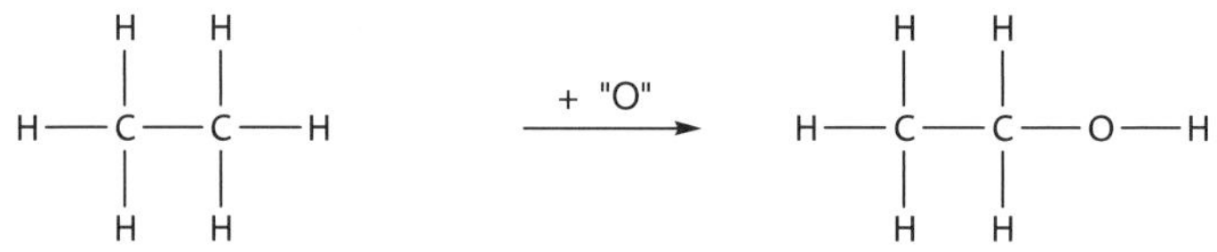

Der formale Einbau eines zweiten Sauerstoffatoms (+"O") mit nachfolgender Abspaltung eines Wassermoleküls ($-H_2O$) entspricht summarisch einer Abspaltung von Wasserstoff, einer **Dehydrierung** (–2 "H"):

Vom Ethanol zum Ethanal:

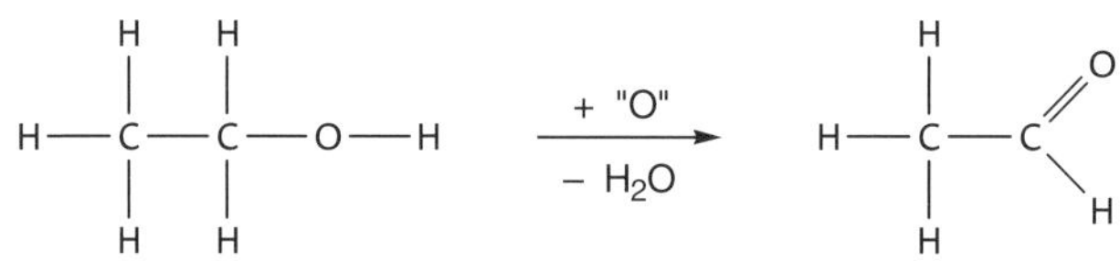

Im abschließenden Oxidationsschritt gelangen wir durch den Einbau eines weiteren Sauerstoffatoms zum Ethansäuremolekül:

Vom Ethanal zur Ethansäure:

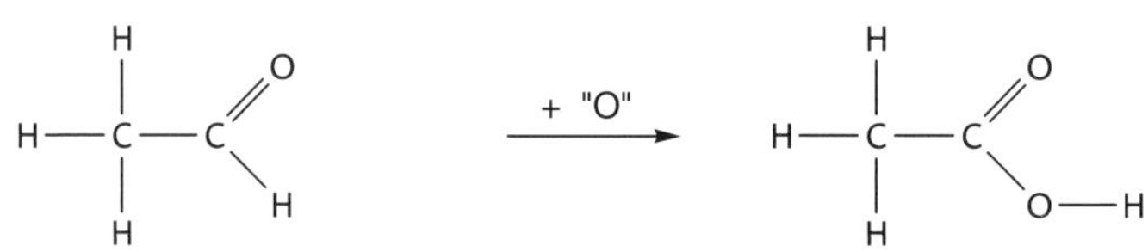

In der folgenden Übersicht sind die besprochenen Oxidationsschritte tabellarisch zusammengefasst:

Verbindung	**Oxidation** (Sauerstoffaufnahme oder Wasserstoffabgabe)	**Oxidationszahl** des zentralen C-Atoms (Elektronenabgabe)
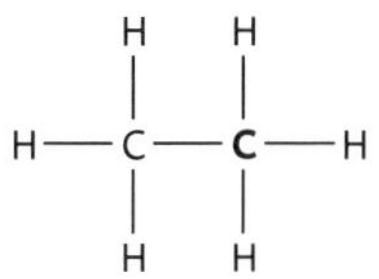 Ethan	Alkan	−III
	↓ + "O"	↓ $-2\ e^-$
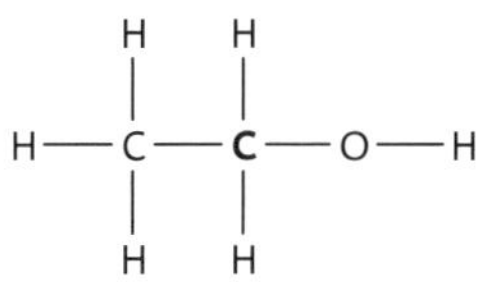 Ethanol (Ethylalkohol)	Alkanol (Alkohol)	−I
	↓ − 2 "H"	↓ $-2\ e^-$
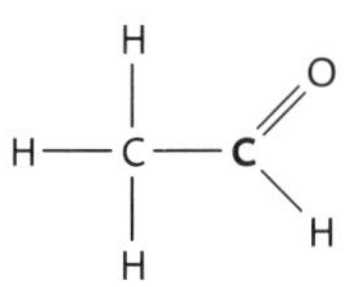 Ethanal (Acetaldehyd)	Alkanal (Aldehyd)	+I
	↓ + "O"	↓ $-2\ e^-$
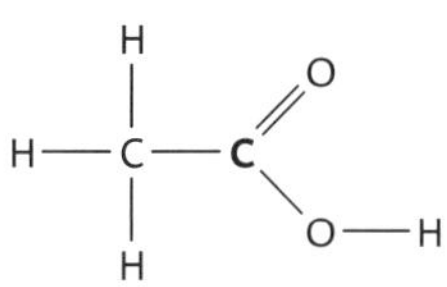 Ethansäure (Essigsäure)	Alkansäure (Carbonsäure)	+III

Tab. 13: Oxidationsschritte von Ethan zu Essigsäure.

Die **funktionelle Gruppe** der Carbonsäuren ist die **Carboxylgruppe –COOH,** auch Carboxygruppe genannt. Der Name für die charakteristische Gruppe dieser wichtigen organischen Stoffklasse resultiert aus der formalen Kombination von **Carb**onyl- und Hydr**oxyl**gruppe (Hydroxygruppe).

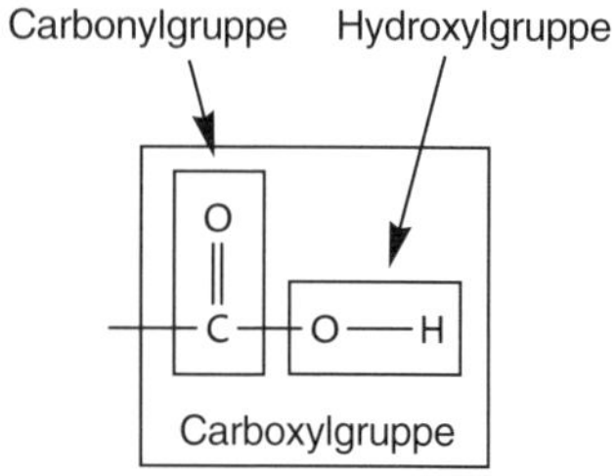

Verbindungen mit Carboxylgruppen zeigen in wässriger Lösung **saure** Reaktion. Man bezeichnet **Carboxylverbindungen** daher auch als **Carbonsäuren**.
*Mono*carbonsäuren, deren internationale Bezeichnung Alkansäuren ist, tragen *eine* –COOH-Gruppe. Ihre allgemeine Formel ist somit $\mathbf{C_nH_{2n+1}{-}COOH}$. *Di*carbonsäuren besitzen *zwei* Carboxylgruppen. Neben der **Benennung** nach der „offiziellen“ IUPAC- Nomenklatur sind für die wichtigen Carbonsäuren **Trivialnamen** gebräuchlich. Da viele Carbonsäuren schon seit langem bekannt sind, nehmen diese Trivialnamen in der Regel auf ihre Herkunft und nicht auf ihre chemische Struktur Bezug. Beispiele für eine solche Benennung sind Ameisensäure, Buttersäure, Citronensäure, Ölsäure oder Bernsteinsäure.
Bei der Kennzeichnung von Seitenketten und Substituenten verwendet man – ausschließlich bei den Trivialnamen – die Buchstaben des griechischen Alphabets, wobei das α-Kohlenstoffatom stets die **Carboxyl**gruppe trägt.

Beispiel

$$\begin{array}{cccccc} & \varepsilon & \delta & \gamma & \beta & \alpha & \\ H_2N- & CH_2- & CH_2- & CH_2- & CH_2- & CH_2- & COOH \end{array}$$

ε-Aminocapronsäure

Für die Bildung der offiziellen IUPAC-Namen sucht man im Molekül als Grundstruktur die längste Kohlenstoffkette mit der Carboxylgruppe. An den entsprechenden Alkannamen wird dann das Suffix *-säure* angehängt, die Stellung von Seitenketten oder Substituenten wird wie üblich mit Ziffern angegeben.

Beispiel

$$\begin{array}{cccccc} & 6 & 5 & 4 & 3 & 2 & 1 \\ H_2N- & CH_2- & CH_2- & CH_2- & CH_2- & CH_2- & COOH \end{array}$$

6-Aminohexansäure

Ist eine unverzweigte Kohlenstoffkette mit zwei oder mehr Carboxylgruppen **direkt** verbunden, wie etwa bei der Citronensäure mit **drei** Carboxylgruppen, so wird ihr Name gebildet, indem man an den Namen des Stammhydrids – bei Citronensäure also Propan – ein Suffix wie *-tricarbonsäure* anhängt.

Beispiele

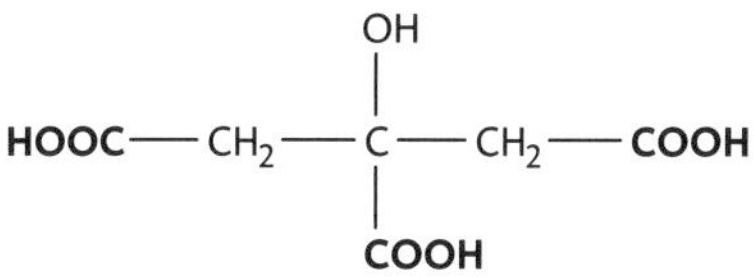

Citronensäure
(2-Hydroxy-1,2,3-propantricarbonsäure)

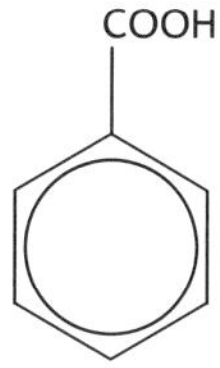

Benzoesäure
(Benzolcarbonsäure)

Benennungen von Mono- und Dicarbonsäuren nach diesem Schema, dementsprechend Propansäure als Ethancarbonsäure und Butandisäure als Ethandicarbonsäure bezeichnet werden, trifft man gelegentlich an, sie sind aber unüblich und verwirrend.

2 Monocarbonsäuren

2.1 Gesättigte Monocarbonsäuren

Die am einfachsten gebaute Carbonsäure ist die **Methansäure** oder **Ameisensäure**. Dieses erste Glied der homologen Reihe der Carbonsäuren hat die Formel H–COOH. Es handelt sich bei dieser Säure um eine klare, flüchtige, stechend riechende Flüssigkeit, welche die Haut stark ätzt und bei 100 °C siedet. In der Natur findet man sie u. a. im Giftsekret von Ameisen, aus denen die Säure erstmals im Jahre 1749 von MARKGRAF durch Destillation in recht reiner Form gewonnen wurde. Sie kommt aber auch in den Brennhaaren der Brennnesseln und in Tannennadeln vor. Im Haushalt wird die organische Säure u. a. zum Entkalken von Warmwassergeräten verwendet. Ameisensäure ist auch als Konservierungsmittel (E 236) zugelassen.
Technisch wird Ameisensäure hergestellt, indem man Kohlenstoffmonoxid unter Druck (8 bar) und hoher Temperatur (120 °C) mit Natriumhydroxid reagieren lässt. Dabei entsteht Natriummethanoat (Natriumformiat), das Natriumsalz der Ameisensäure:

$$NaOH + CO \longrightarrow HCOO^-Na^+$$

Die schwache Ameisensäure kann dann durch vorsichtige Umsetzung mit einer starken Säure wie Schwefelsäure aus ihrem Salz freigesetzt werden:

$$HCOO^-Na^+ + H_3O^+ \longrightarrow HCOOH + Na^+ + H_2O$$

Beim Erhitzen zerfällt Ameisensäure sehr leicht in Wasserstoff und Kohlenstoffdioxid:

$$HCOOH \longrightarrow CO_2 + H_2$$

Unter den Carbonsäuren nimmt die Ameisensäure eine Sonderstellung ein, da sie nicht nur als Säure, sondern auch als Aldehyd mit dessen typisch leichter Oxidierbarkeit reagieren kann. Die wichtigste und bekannteste Carbonsäure ist die **Ethansäure** oder **Essigsäure** (CH_3-COOH).

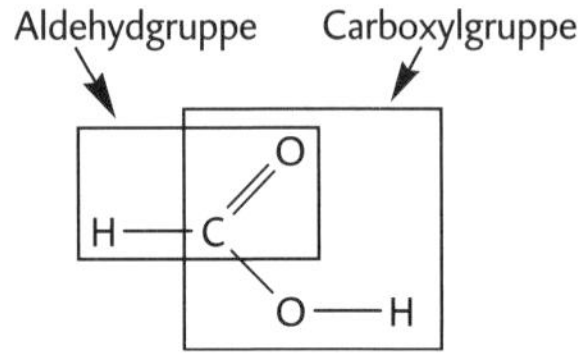

Reine Essigsäure, eine farblose Flüssigkeit von stechendem, die Augen reizenden Geruch, wirkt stark ätzend. Sie erstarrt bei +17 °C zu eisähnlichen Kristallen („Eisessig") und siedet bei +118 °C. Sie ist ein altbekanntes Heil-, Würz- und Konservierungsmittel (E 260). Letztgenannte Verwendung beruht v. a. auf ihrer vor Pilzbefall schützenden Wirkung.

Abb. 30: Historische Darstellung einer mittelalterlichen Apotheke, in der Essigsirup verkauft wird. Miniatur aus dem Manuskript „Tacuinum Sanitatis", Italien, Ende 14. Jh.

In der chemischen Industrie dient Essigsäure u. a. als Ausgangsstoff für die Produktion von Acetatseide. Essigsäure kann aus Ethanol entweder durch biologische Oxidation, z. B. durch das Bakterium *Acetobacter*, oder vollsynthetisch durch ein Oxidationsmittel wie Kaliumpermanganat hergestellt werden. Die

biologische Darstellung von Essig aus Wein ist seit 4 000 Jahren bekannt und gilt als eines der ältesten biotechnologischen Verfahren[16].
Hefepilze produzieren durch Gärung unter Luftabschluss (anaerob) Ethanol aus zuckerhaltigen Lösungen wie Traubensaft, wodurch z. B. Wein entsteht. „Essigbakterien" können daraus bei Anwesenheit von Sauerstoff (aerob) Essigsäure (Weinessig) herstellen. Es ist folglich nicht richtig, wenn auch durchaus gebräuchlich, von „Essigsäure-Gärung" zu sprechen[17]. Da Essigbakterien einen sehr hohen Sauerstoffbedarf haben, ist die Herstellung von Wein- oder Obstessig vor allem ein belüftungstechnisches Problem.
Der Stoffwechselprozess der Essigbakterien lässt sich wie folgt beschreiben:

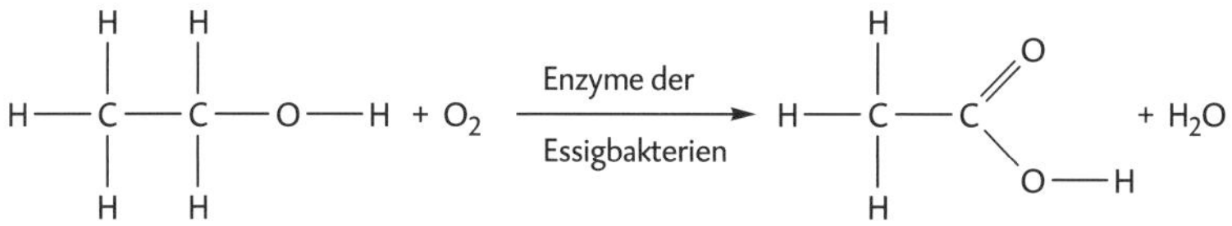

Tafelessig ist **Branntweinessig** und enthält 5 % Essigsäure. Er wird aus Alkohol hergestellt, der aus Getreide, Kartoffeln oder Zuckerrüben gewonnen wurde und ist daher billiger als Weinessig. Konzentrierte Essigsäure, wie die als „Essigessenz" bekannte 25 %-ige Essigsäure, wird synthetisch hergestellt und enthält daher keine natürlichen Aromastoffe.
Im **Schulversuch** kann Essigsäure dargestellt werden, indem man Ethanol mit einer schwefelsauren Kaliumpermanganatlösung zur Reaktion bringt. Die charakteristische rotviolette Farbe der Permanganationen, die als eigentliches Oxidationsmittel agieren, verschwindet, da das Mangan von der Oxidationsstufe +VII auf die Oxidationsstufe +II zu farblosen Mn^{2+}-Ionen reduziert wird:

$$5\,CH_3CH_2OH + 4\,\overset{+VII}{Mn}O_4^- + 12\,H_3O^+ \longrightarrow 5\,CH_3COOH + 4\,\overset{+II}{Mn^{2+}} + 23\,H_2O$$

rotviolett (MnO_4^-) — farblos (Mn^{2+})

Das nächste Glied in der homologen Reihe der Carbonsäuren ist die **Propansäure** oder **Propionsäure** $CH_3{-}CH_2{-}COOH$. Sie kommt in vielen Käsesorten natürlich vor und ist überdies ein bekanntes Konservierungsmittel (E 280) für Brot, Milchprodukte und Teigwaren.
Butansäure $CH_3{-}CH_2{-}CH_2{-}COOH$, besser bekannt als **Buttersäure**, ist eine ölige Flüssigkeit, die äußerst unangenehm nach Schweiß und ranziger Butter riecht. Hunde sind in der Lage, Buttersäure noch in einer Konzentration von einem Billionstel Gramm pro m^3 ($= 1 \cdot 10^{-12}$ g/m^3) Luft wahrzunehmen.

16 Der Begriff **Biotechnologie** bezeichnet die Nutzung von Mikroorganismen für Stoffsynthesen.
17 Louis PASTEUR: „Fermentation est vie sans air." (*Gärung ist Leben ohne Sauerstoff*).

Auch die nächsten Glieder der Carbonsäurereihe, die **Pentansäure** (**Valeriansäure**) C_4H_9–COOH und **Hexansäure** (**Capronsäure**) C_5H_{11}–COOH fallen durch ihren sehr unangenehmen Geruch auf (lat. *capra*: Ziege).
Die langkettigen Vertreter der Monoalkansäuren, wie **Hexadecansäure** (**Palmitinsäure**) CH_3–$(CH_2)_{14}$–COOH oder **Octadecansäure** (**Stearinsäure**) CH_3–$(CH_2)_{16}$–COOH sind als **Fettsäuren** zusammen mit dem dreiwertigen Alkohol Glycerin (siehe S. 75) die Bausteine zahlreicher Fette und Öle. Palmitinsäure kommt als Glycerinester mit einem besonders hohen Anteil von 35 bis 40 % im Palmöl, Stearinsäure mit 20 % in Rindertalg vor. Die wasserunlöslichen Feststoffe fühlen sich fettig an, sie schmelzen bei 71 °C (Stearinsäure) bzw. 63 °C (Palmitinsäure) und finden Verwendung bei der Herstellung von Seifen und Waschmitteln.

2.2 Ungesättigte Monocarbonsäuren

Ungesättigte Carbonsäuren besitzen (mindestens) eine **Doppelbindung** in ihren Molekülen. Die einfachste Alkensäure ist die **Propensäure** oder **Acrylsäure** CH_2=CH–COOH, eine stechend riechende Flüssigkeit mit einem Siedepunkt von +142 °C, die einen wichtigen Ausgangsstoff in der Synthese von Kunststoffen wie Plexiglas® darstellt.
Sorbinsäure ist der Trivialname einer bekannten Vertreterin der Alkensäuren, die als Konservierungsmittel (E 200) in Lebensmitteln wie Joghurt, Brot, Pizza und Getränken, so genannten Softdrinks, Verwendung findet. Es handelt sich hierbei um die **2,4-Hexadiensäure** CH_3–CH=CH–CH=CH–COOH. Die Säure ist ein Feststoff mit einem Schmelzpunkt von +134 °C, ihr Name leitet sich von ihrem Vorkommen in Vogelbeeren, den Früchten der Eberesche (*Sorbus aucuparia*) ab.
Von besonderer Bedeutung – gerade auch für die Ernährung des Menschen – sind die **ungesättigten Fettsäuren**. Wir finden sie – wie die gesättigten – als Glycerinester in vielen Fetten und Ölen.
Bei der **9-Octadecensäure** (Ölsäure; CH_3–$(CH_2)_7$–CH=CH–$(CH_2)_7$–COOH) handelt es sich um eine farblose, ölige Flüssigkeit mit einem Schmelzpunkt von +16 °C, die infolge ihrer leichten Oxidierbarkeit an Luft oft ranzig riecht. Die langkettige Alkensäure kommt u. a. in Olivenöl, Rapsöl und Fischtran vor und dient zur Herstellung von Seifen, Schmiermitteln, Kosmetika und Salben.

Mehrfach ungesättigte Fettsäuren machen Öle für die menschliche Ernährung besonders wichtig. So liegt der Tagesbedarf des Menschen an **9,12-Octadecadiensäure** (Linolsäure; $CH_3-(CH_2)_4-CH=CH-CH_2-CH=CH-(CH_2)_7-COOH$) bei 6 Gramm. Diese **essenzielle**[18] Fettsäure ist in Leinöl – daher ihr Name – im Sonnenblumen- (52 %) und Olivenöl (10–15 %), aber auch im Butterfett enthalten.

Die dreifach ungesättigte Fettsäure **9,12,15-Octadecatriensäure** (Linolensäure; $CH_3-CH_2-CH=CH-CH_2-CH=CH-CH_2-CH=CH-(CH_2)_7-COOH$) tritt als Glycerinester z. B. in Lein- (36–46 %) und Sojaöl auf.

3 Eigenschaften der Carbonsäuren

3.1 Funktion als Säuren

Im Unterschied zu den Alkoholen, den Trägern einer OH-Gruppe, **reagieren** die wässrigen Lösungen der **Carbonsäuren**, den Träger einer COOH-Gruppe, **sauer**. Tatsächlich besitzen Carbonsäuren gegenüber den entsprechenden Alkoholen eine um den Faktor 1 000 000 000 000 größere Säurestärke. Essigsäure etwa reagiert mit Wasser gemäß der folgenden Reaktionsgleichung:

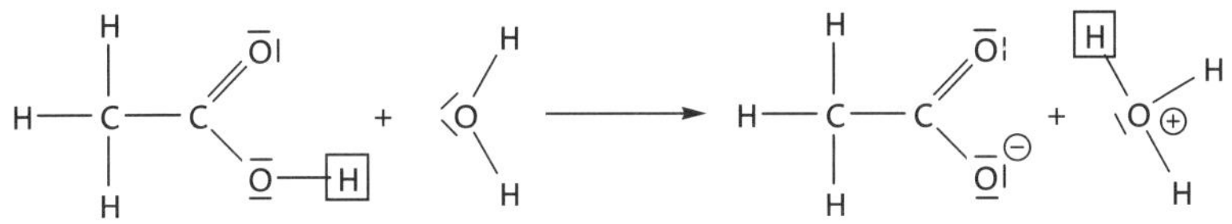

Die leichtere Ablösbarkeit des Protons bei den Carbonsäuren muss also mit der Nachbarschaft der Carbonylgruppe –CHO zur Hydroxylgruppe –OH innerhalb der Carboxylgruppe –COOH zu tun haben. Die Acidität kann dabei durch zwei Argumentationsweisen verständlich gemacht werden:

1. über den **negativen induktiven Effekt** (–I-Effekt) des Sauerstoffatoms der Carbonylgruppe und
2. über die **Mesomeriestabilisierung** des Carboxylat-Ions.

18 Man spricht von einer **essenziellen** chemischen Verbindung, wenn diese nicht durch den menschlichen Organismus produziert werden kann, also mit der Nahrung aufgenommen werden muss.

Negativer induktiver Effekt

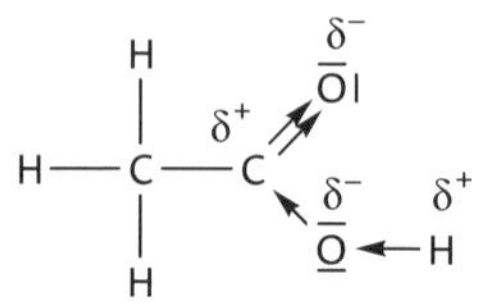

Tatsächlich zieht nicht nur das Sauerstoffatom der Hydroxylgruppe wie bei den Alkoholen aufgrund seiner hohen Elektronegativität die Bindungselektronen stark zu sich und polarisiert somit die O–H-Bindung. Auch das Sauerstoffatom der Carbonylgruppe zieht die bindenden Elektronenpaare zu sich, wodurch außerdem das Kohlenstoffatom positiv polarisiert wird. Der „Elektronensog" des Carbonyl-Sauerstoffatoms setzt sich aber auch auf benachbarte Bindungen fort, was sich in einer verstärkten Polarisierung der O–H-Bindung äußert. Eine von einem Nachbaratom oder einer Nachbargruppe ausgehende elektronenziehende Wirkung auf eine Bindung wird als **–I-Effekt** bezeichnet. Durch den Elektronenzug des Carbonyl-Sauerstoffatoms wird die Elektronendichte am Wasserstoffatom der Hydroxylgruppe weiter verringert, seine positive Partialladung wird verstärkt und seine Abspaltbarkeit als Proton (H^+) erleichtert.

Mesomeriestabilisierung

Das zweite Argument, das die leichtere Ablösbarkeit des Protons bei den Carbonsäuren im Vergleich zu den Alkanolen verständlich machen kann, ist die größere Stabilität des entstehenden Anions:

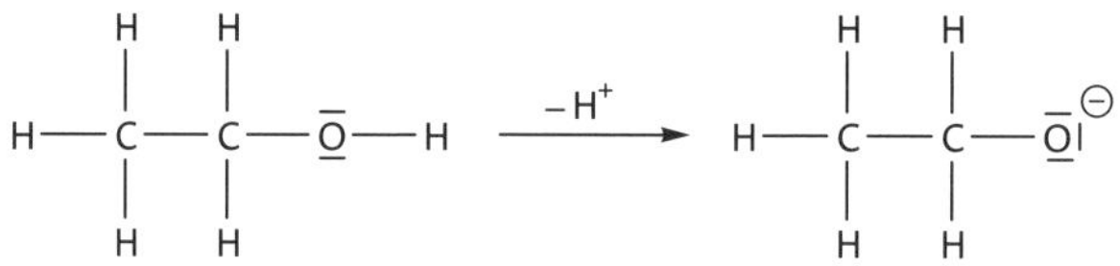

Ethanol — Ethanolation

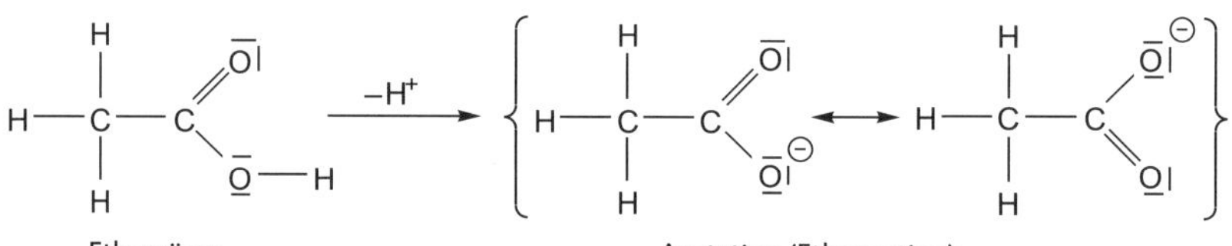

Ethansäure — Acetation (Ethanoation)

Während im Ethanolation die negative Ladung auf das eine Sauerstoffatom konzentriert ist, ist sie im Acetat-Ion auf zwei Sauerstoffatome verteilt. **Keine** der beiden Darstellungen rechts und links des Mesomerie-Pfeils „↔" in den Mesomerie-Klammern „{ }" beschreibt daher die Ladungsverteilung im Anion **korrekt**. Beide Darstellungen stellen nur **Grenzformeln** dar.

Auch die Bindungslängen im Carboxylat-Ion zeigen die **Gleichwertigkeit** der beiden Kohlenstoff-Sauerstoff-Bindungen. Beide sind mit $1{,}27 \cdot 10^{-10}$ m

(= 127 pm) gleich lang und liegen somit zwischen den Werten für die C–O-Einfachbindung mit 136 pm und die C=O-Doppelbindung mit 123 pm:

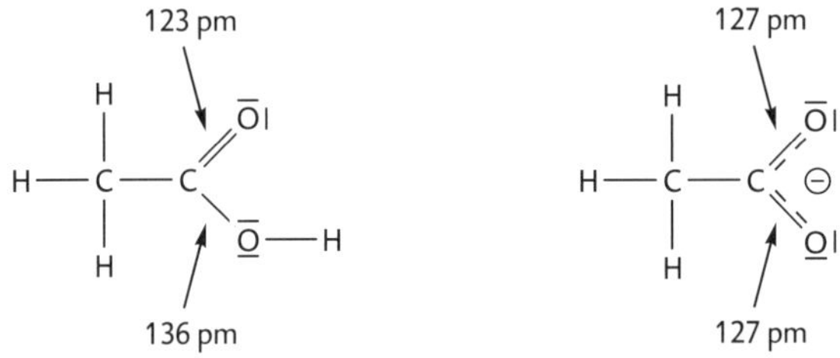

Der tatsächliche Bindungszustand des Anions lässt sich auch mit der rechts oberhalb stehenden „Formel" beschreiben. **Vier** Elektronen sind **delokalisiert**, ihre negativen Ladungen sind über **drei** Atome verteilt. Die Erscheinung, dass die tatsächliche Elektronenverteilung eines Teilchens, hier eines Ions, in der üblichen Formelschreibweise, in der ein Strich ein Elektronenpaar symbolisiert, nicht darstellbar ist, sondern zwischen hypothetischen Grenzformeln liegt, bezeichnet der Chemiker als **Mesomerie**.
Die Delokalisierung von Elektronen ist **energetisch günstig**, d.h. ein Teilchen im mesomeren Zustand ist energieärmer und damit stabiler, als existierte es in einer der durch die Grenzformeln dargestellten Strukturen. Den Energiebetrag, um den die reale (mesomere) Struktur stabiler ist als die durch Grenzformeln dargestellten (fiktiven) Strukturen nennt man **Mesomerieenergie** (Delokalisationsenergie). Die durch die Mesomerie bedingte besondere Stabilität des Carboxylations ist eine Ursache für die größere Säurestärke der Carbonsäuren im Vergleich zu den Alkoholen.

Säurestärke

Einzelne Carbonsäuren unterscheiden sich erheblich im Grad ihrer Acidität. Dabei sind die unterschiedlichen Einflüsse der jeweiligen Substituenten von entscheidender Bedeutung. Ein Maß für die **Stärke einer Säure**, für ihre Acidität, ist ihr **pK_S-Wert**. Starke Säuren wie Chlorwasserstoff (HCl) protolysieren in wässriger Lösung vollständig:

$$HCl\,(g) + H_2O\,(l) \longrightarrow H_3O^+\,(aq) + Cl^-\,(aq)$$

Organische Säuren wie die Essigsäure, hier symbolisiert als HAc, sind in der Regel schwache Säuren. Sie protolysieren nicht vollständig, vielmehr stellt sich in wässriger Lösung das folgende dynamische Gleichgewicht ein:

$$\mathrm{HAc\,(l)} + \mathrm{H_2O\,(l)} \rightleftharpoons \mathrm{H_3O^+\,(aq)} + \mathrm{Ac^-\,(aq)}$$

Für eine solche Protolyse lässt sich das Massenwirkungsgesetz formulieren. Die Gleichgewichtskonstante K beschreibt dabei die Lage des Gleichgewichts:

$$K = \frac{c(H_3O^+) \cdot c(Ac^-)}{c(HAc) \cdot c(H_2O)}$$

Ac^- = Acetation

HAc = Essigsäure

Ist die Gleichgewichtskonstante K groß ($K > 1$), so liegt das Gleichgewicht rechts, auf der Seite der Produkte, d. h. der dissoziierten Form. Ist der Wert für K klein ($K < 1$), so liegt das Gleichgewicht auf der Edukt-Seite, d. h. auf Seiten der nicht dissoziierten Form.
Da für verdünnte Lösungen gilt, dass sich die Konzentration des Lösungsmittels Wasser $c(H_2O)$ durch die Zugabe der Säure kaum ändert, kann die annähernd konstante Konzentration des Wassers mit der Gleichgewichtskonstanten K zu einer neuen Konstante K_S, der **Säurekonstante**, zusammengezogen werden:

$$K_S = K \cdot c(H_2O) = \frac{c(H_3O^+) \cdot c(Ac^-)}{c(HAc)}$$

Der Umgang mit K_S-Werten ist wenig komfortabel, denn je nach Säurestärke unterscheiden sich die K_S-Werte der Säuren um viele Zehnerpotenzen.

Beispiel

K_S-Wert von Essigsäure: 0,0000178 mol/l = $10^{-4,65}$ mol/l
K_S-Wert von Salpetersäure: 20,89 mol/l = $10^{1,32}$ mol/l

Aus diesem Grund – und um den Vergleich der Säurestärken zu erleichtern – wurde der **pK_S-Wert** definiert: Es ist der **negative dekadische Logarithmus** des K_S-Wertes:

$$pK_S = -\lg K_S$$

Eine starke Säure hat also einen kleinen, eine schwache einen hohen pK_S-Wert.

Beispiel

pK_S-Wert von Essigsäure: 4,65 (schwächere Säure, da größerer pK_S-Wert)

pK_S-Wert von Salpetersäure: –1,32 (stärkere Säure, da kleinerer pK_S-Wert)

Säure	pK_S-Wert	K_S-Wert (mol/l)
Methansäure (Ameisensäure)	3,75	$17{,}70 \cdot 10^{-5}$
Ethansäure (Essigsäure)	4,75	$1{,}75 \cdot 10^{-5}$
(Mono-)Chlorethansäure (Chloressigsäure)	2,87	$136 \cdot 10^{-5}$
Dichlorethansäure (Dichloressigsäure)	1,26	$5530 \cdot 10^{-5}$
Trichlorethansäure (Trichloressigsäure)	0,63	$23200 \cdot 10^{-5}$
Butansäure (Buttersäure)	4,82	$1{,}52 \cdot 10^{-5}$
(Mono-)Fluorethansäure (Fluoressigsäure)	2,59	$260 \cdot 10^{-5}$
2-Chlorbutansäure (α-Chlorbuttersäure)	2,86	$139 \cdot 10^{-5}$
4-Chlorbutansäure (γ-Chlorbuttersäure)	4,05	$8{,}90 \cdot 10^{-5}$

Tab. 14: pK_S-Werte einiger organischer Säuren und ihrer substituierten Derivate.

Interpretation der pK_S-Werte

Wie aus Tabelle 14 ersichtlich, unterscheiden sich die pK_S-Werte teilweise sehr stark voneinander:

- Methansäure ist eine 10-mal stärkere Säure als Ethansäure.
- Monochloressigsäure ist 100-, Trichloressigsäure mehr als 10 000-mal stärker als Essigsäure.

Diese Aciditätsabstufung innerhalb der Monocarbonsäuren lässt sich wie folgt erklären:

Jeder Einfluss, der das Anion stabilisiert, erhöht die Acidität der Carbonsäure. Hierzu zählen vor allem **elektronenziehende Substituenten**, da sie die Ladungsdichte an der COO^--Gruppe vermindern. Einen solchen **–I-Effekt** üben beispielsweise Halogenatome als Substituenten aus.
Umgekehrt gilt, dass jeder Einfluss, der das Anion destabilisiert, die Säurestärke mindert. Substituenten mit einem **+I-Effekt** (einem **elektronenschiebenden Effekt**) erhöhen die Ladungsdichte an der COO^--Gruppe; sie verringern die Säurestärke. Einen schwachen +I-Effekt üben Alkylgruppen aus.

Beispiele

- Ethansäure ist – aufgrund des +I-Effekts der CH_3-Gruppe – eine schwächere Säure als Methansäure.
- Monochloressigsäure $CH_2Cl-COOH$ ist aufgrund des –I-Effekts des Chlor-Substituenten eine stärkere Säure als die unsubstituierte Essigsäure.
- Monofluoressigsäure $CH_2F-COOH$ besitzt eine um den Faktor 2 höhere Acidität als Monochloressigsäure: Das Fluoratom mit der Elektronegativität 4,0 ist stärker elektronenziehend als das Chloratom mit der Elektronegativität 3,0 (siehe S. 85).
- Trifluoressigsäure CF_3-COOH ist aufgrund ihrer drei stark elektronenziehenden Fluoratome die stärkste Monocarbonsäure.
- 2-Chlorbutansäure (α-Chlorbuttersäure) $CH_3-CH_2-CHCl-COOH$ besitzt eine ähnliche Acidität wie Monochlorethansäure, ist damit also annähernd 100fach stärker als die unsubstituierte Säure. Bei 4-Chlorbutansäure (γ-Chlorbuttersäure) ist die Acidität nur etwa sechs mal so groß wie bei der unsubstituierten Säure: Induktive Effekte werden mit zunehmender Entfernung rasch schwächer und wirken sich über vier Atome hinweg kaum noch aus.
- Aromatische Carbonsäuren unterliegen einem ähnlichen Substituenteneinfluss: $-CH_3$, $-OH$, und $-NH_2$-Substituenten verringern die Acidität der Benzoesäure, $-Cl$ und $-NO_2$-Substituenten erhöhen sie (siehe S. 146).

3.2 Aggregatzustände

Die Siedepunkte der Carbonsäuren liegen weit höher als die Siedepunkte von Alkanen oder Alkanolen (Alkoholen) mit ähnlichen molaren Massen.

Siedepunkte von Alkanen, Alkoholen und Carbonsäuren im Vergleich (Es werden jeweils Stoffe mit ähnlichen molaren Massen miteinander verglichen)		
Propan C_3H_8 molare Masse: 44 g/mol Siedepunkt: −42 °C 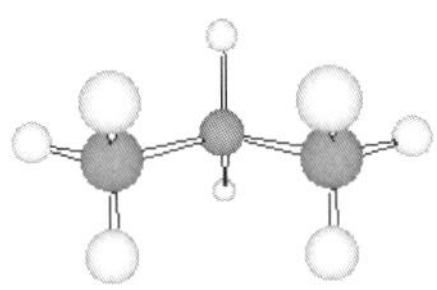	**Ethanol C_2H_5OH** molare Masse: 46 g/mol Siedepunkt: +78 °C 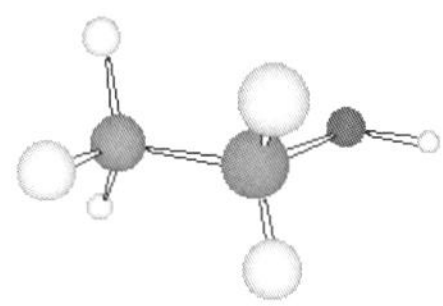	**Methansäure HCOOH** molare Masse: 46 g/mol Siedepunkt: +100 °C 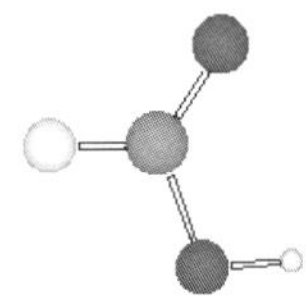
n-Butan C_4H_{10} molare Masse: 58 g/mol Siedepunkt: 0 °C 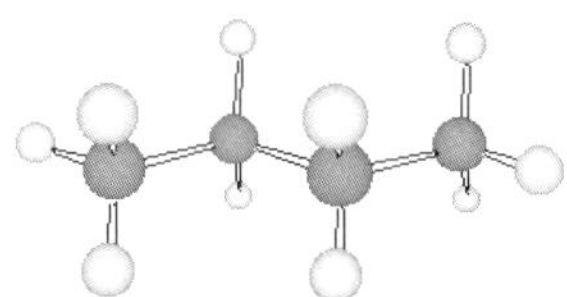	**1-Propanol C_3H_7OH** molare Masse: 60 g/mol Siedepunkt: +98 °C 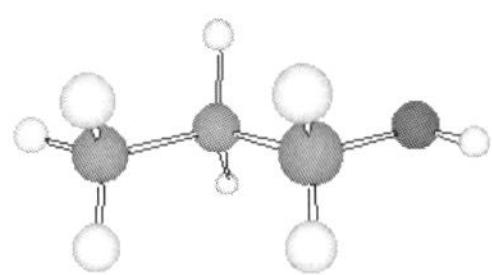	**Ethansäure CH_3COOH** molare Masse: 60 g/mol Siedepunkt: +118 °C 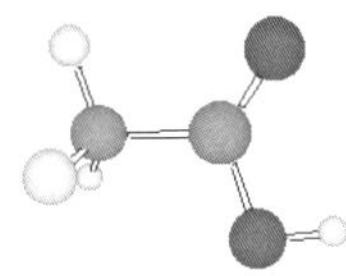

Tab. 15: Physikalische Kenngrößen und Molekülstrukturen von Alkanen, Alkoholen und Carbonsäuren.

Interpretation der Schmelz- und Siedepunkte

Die in Tabelle 15 aufgeführten, teilweise stark voneinander abweichenden Siedepunkte, sowie die entsprechenden Schmelzpunkte lassen sich folgendermaßen verstehen:

- Zwischen den **unpolaren Alkanmolekülen** sind nur schwache **van-der-Waals-Kräfte** wirksam. Die vier kurzkettigen ersten Glieder der homologen Reihe der Alkane sind aufgrund der geringen intermolekularen Anziehung ihrer Moleküle gasförmig, erst bei sehr hohen Molekularmassen nehmen Alkane bei Zimmertemperatur den festen Aggregatzustand ein. Heptadecan $C_{17}H_{36}$ etwa hat einen Schmelzpunkt von +22 °C.

- Zwischen den **polaren Alkoholmolekülen** können sich **Wasserstoffbrückenbindungen** ausbilden. Aufgrund dieser wesentlich stärkeren intermolekularen Anziehungskräfte sind bereits die kurzkettigen Glieder der homologen Reihe der Alkanole flüssig. Ab Dodecanol $C_{12}H_{25}OH$ (Schmelzpunkt +24 °C) sind Alkanole bei Zimmertemperatur Feststoffe.
- Bei den **Alkansäuren** besitzen bereits die kurzkettigen Vertreter Siedepunkte von über 100 °C, Methansäure z.B siedet bei +100,5 °C. Decansäure (Caprinsäure) $C_9H_{19}COOH$ ist ein Feststoff mit einem Schmelzpunkt von +31 °C.

Wie bei den Alkoholen (Alkanolen) werden bei den Carbonsäuren zwischen den Molekülen **Wasserstoffbrücken** ausgebildet, infolge der **größeren Polarität** der Bindungen in den Carboxylgruppen (siehe S. 132: –I-Effekt des Carbonyl-Sauerstoffatoms) sind diese bindenden Wechselwirkungen hier aber viel stabiler als in den nur kurzlebigen Assoziationen der Alkanolmoleküle. Zudem können Carbonsäuremoleküle unter Ausbildung von Wasserstoffbrücken dimerisieren, die entstehenden Zweierkomplexe, z. B. Essigsäure-„Doppelmoleküle" sind recht stabil. Diese Dimerisierung der Moleküle erklärt, warum Carbonsäuren höher sieden als Alkanole gleicher molarer Masse. Die Raummodelle der Moleküle von Essigsäure und Octan machen verständlich, warum Essigsäure mit 118 °C ungefähr den gleichen Siedepunkt besitzt wie Octan mit 126 °C:

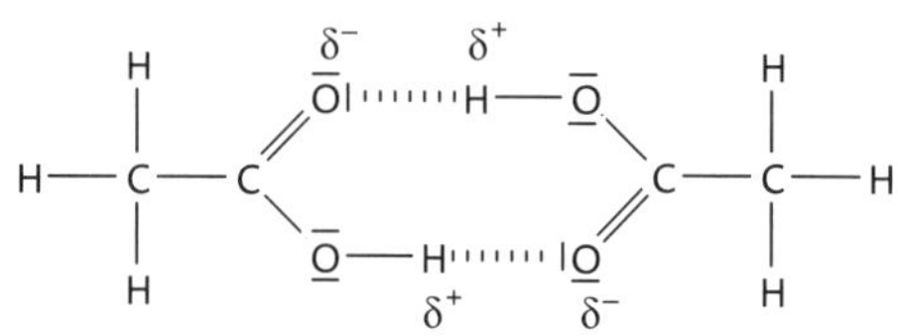

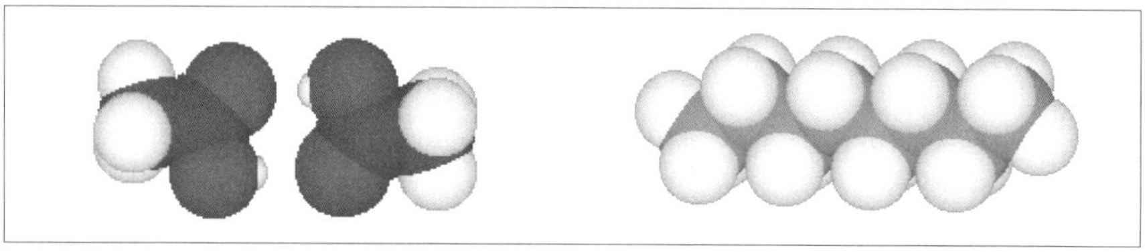

Abb. 31: Essigsäure-Doppelmolekül (links) und Octanmolekül (rechts).

Das „Essigsäure-Doppelmolekül" links und das Octanmolekül rechts sind **ungefähr gleich groß**. Zwischen den Essigsäure-Doppelmolekülen – die durch Wasserstoffbrückenbindungen zusammengehalten werden – und den Octanmolekülen wirken **vergleichbare van-der-Waals-Kräfte**.

Langkettigte **Alkansäuren** („gesättigte Fettsäuren“) sind wachsartige **Feststoffe**. Octadec**an**säure (Stearinsäure) z. B. hat einen Schmelzpunkt von +69 °C bei einer molaren Masse von 284 g/mol.

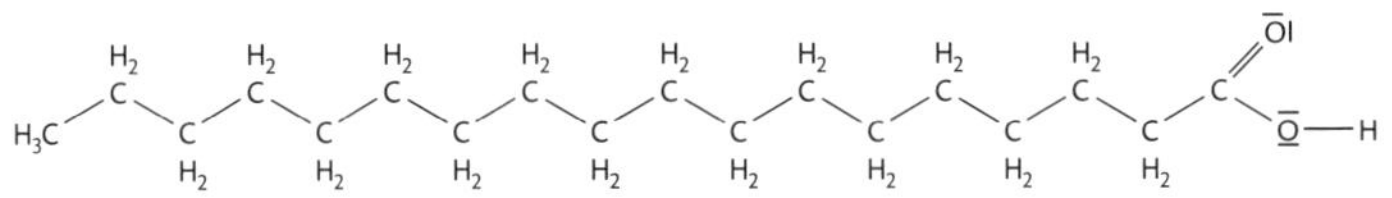

Octadecansäure

Neben der hohen Molekularmasse kann der feste Aggregatzustand mit der Ausbildung von **van-der-Waals-Kräften** zwischen den langen unpolaren Alkylresten der Fettsäuremoleküle erklärt werden. Die Molekülketten der gesättigten Fettsäuren können sich infolge ihrer gestreckten Form sehr gut parallel aneinanderlagern, was die Ausbildung **zahlreicher** bindender Wechselbeziehungen ermöglicht.
Langkettige **Alkensäuren** („ungesättigte Fettsäuren“) sind ölige **Flüssigkeiten**, obwohl z. B die Octadec**en**säure (Ölsäure: Schmelzpunkt +16 °C; molare Masse 282 g/mol) – mit nur zwei Wasserstoffatomen weniger im Molekül – nahezu die gleiche Molekularmasse wie Stearinsäure besitzt.

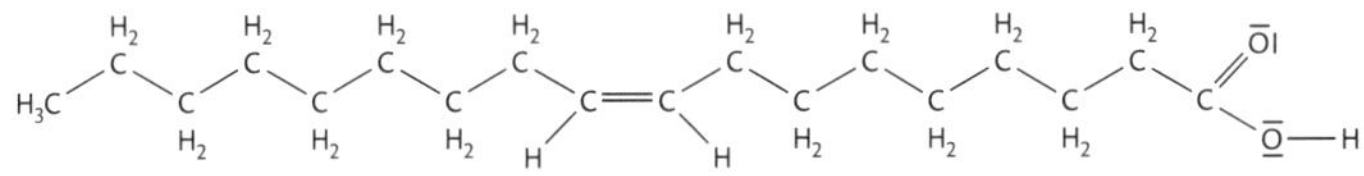

Octadecensäure

Die Moleküle ungesättigter Fettsäuren weisen an ihren Doppelbindungen „Knicke“ auf, was durch den 120°-Winkel statt des 109°-Tetraederwinkels bedingt wird. Infolge des gewinkelten Baus können sich die Molekülketten nicht so gut parallel aneinanderlagern. Die Ausbildung von van-der-Waals-Kräfte ist somit erschwert, der Zusammenhalt zwischen den Molekülen vergleichsweise schwächer, die Schmelzpunkte der ungesättigten Fettsäuren sind niedriger.

3.3 Löslichkeit

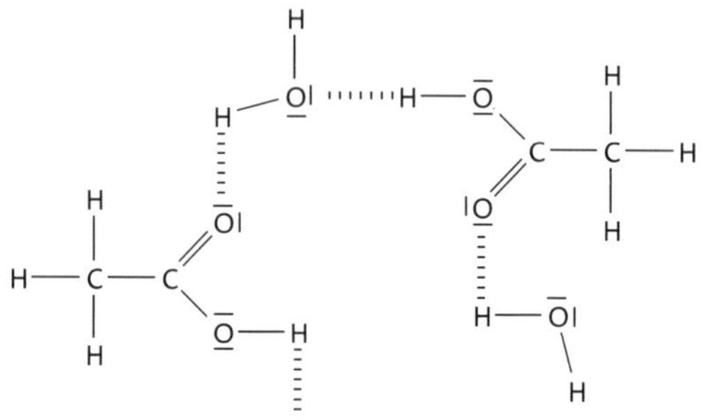

Die Eigenschaften der kurzkettigen Alkansäuren werden weitgehend durch die **polare Carboxylgruppe** bestimmt. Ihre Moleküle können mit Wassermolekülen Wasserstoffbrücken ausbilden. Die Löslichkeit der ersten vier Glieder der homologen Reihe der Alkansäuren (Methan- bis Butansäure) in Wasser ist daher unbegrenzt. Wegen der Möglichkeit zur Ausbildung von Wasserstoffbrückenbindungen sind Essigsäure und Wasser in jedem Verhältnis miteinander mischbar. Essigsäure ist aber nicht nur mit dem polaren Wasser, sondern auch mit unpolaren Kohlenwasserstoffen wie Hexan mischbar. Dieses Verhalten erklärt sich ebenfalls über die Existenz von „Doppelmolekülen" (siehe S. 138). Im unpolaren Lösungsmittel bleiben zwischen den Carboxylgruppen zweier Essigsäuremoleküle die stabilen Wasserstoffbrücken ausgebildet; die Essigsäure-Doppelmoleküle sind insgesamt unpolar und daher im unpolaren Hexan löslich.

Pentansäure löst sich nur mäßig, Hexansäure nur noch schlecht in Wasser. Langkettige Alkansäuren wie Octadecansäure (Stearinsäure) sind in Wasser schließlich völlig unlöslich. Dafür erweisen sich diese festen Carbonsäuren beim Erwärmen als sehr gut löslich in unpolaren Lösungsmitteln wie Benzin. Die Ursache hierfür ist in der Tatsache zu sehen, dass mit zunehmender Länge der unpolaren Alkylkette die Bedeutung der polaren Carboxylgruppe für das Löslichkeitsverhalten zurücktritt: Der lipophile Molekülteil dominiert über den hydrophilen Molekülteil:

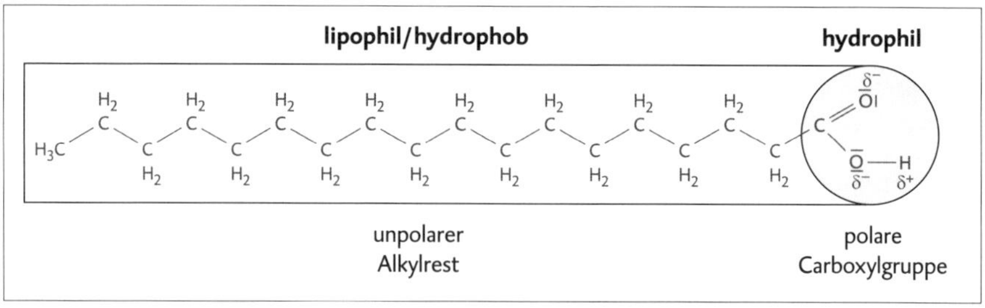

Abb. 32: Bau des Octadecansäuremoleküls.

3.4 Reaktionen der Carbonsäuren

Die wässrige Lösung von Essigsäure zeigt ähnliche Reaktionen, wie wir sie von verdünnter Salzsäure kennen. So leitet sie den elektrischen Strom (Nachweis von Ionen als Ladungsträger), zeigt eine **saure Reaktion** und färbt **Universalindikator rot** (Nachweis von H_3O^+-Ionen):

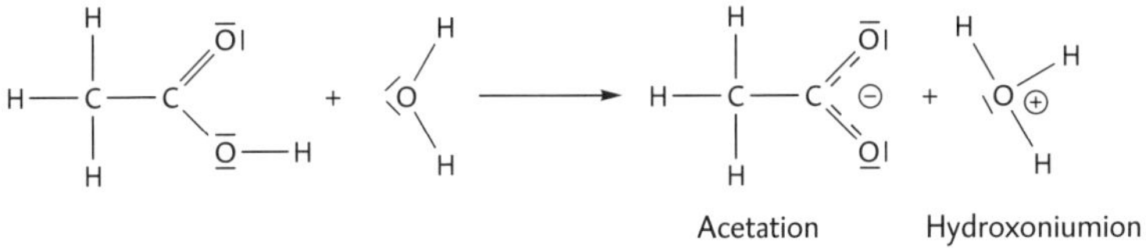

Essigsäure kann durch **Laugen**, wässrigen Lösungen von Hydroxiden, neutralisiert werden. Die **Neutralisation** liefert das Salz der Essigsäure (Acetat, Ethanoat):

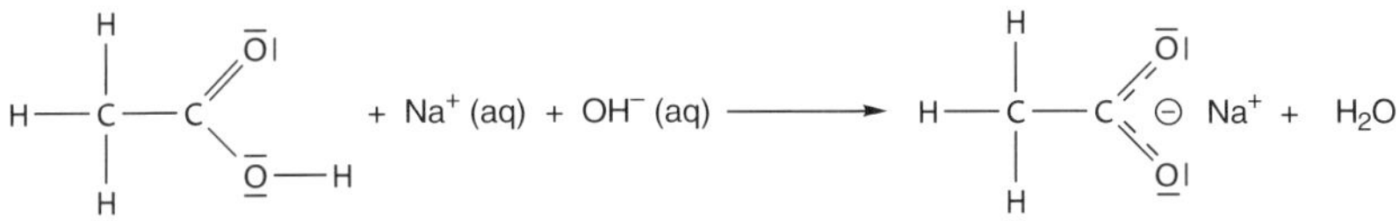

Essigsäure setzt bei der **Reaktion mit unedlen Metallen** wie Magnesium, Zink oder Eisen unter Salzbildung **Wasserstoff** frei:

Dabei fungieren die H_3O^+-Ionen der wässrigen Lösung als Oxidationsmittel:

$$Mg\,(s)\,(aq) + 2\,H_3O^+ \longrightarrow Mg^{2+}\,(aq) + 2\,H_2O\,(l) + H_2\,(g)$$

$$Mg^{2+}\,(aq) + 2\,CH_3COO^-\,(aq) \longrightarrow Mg^{2+}(CH_3COO^-)_2$$

Essigsäure kann die flüchtige und unbeständige Kohlensäure „H_2CO_3“ aus ihren Salzen, den Carbonaten, freisetzen. Mit Essigsäure lassen sich Haushaltsgeräte entkalken; dabei wird **Kohlenstoffdioxid** (aus dem Zerfall der instabilen Kohlensäure) freigesetzt:

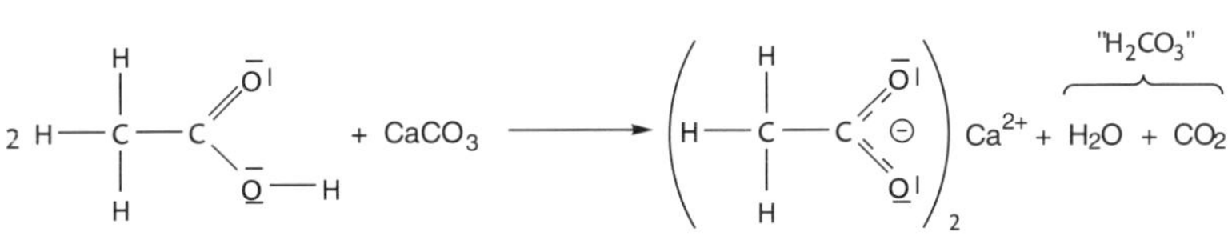

4 Dicarbonsäuren

Dicarbonsäuren sind bifunktionelle Verbindungen. Sie besitzen – wie die zweiwertigen Alkohole – zwei (identische) funktionelle Gruppen, d. h. ihre Moleküle weisen zwei Carboxylgruppen auf.

Für die **Benennung von Dicarbonsäuren** stehen drei Alternativen zur Verfügung. Die Dicarbonsäuren werden

- mit Trivialnamen belegt (siehe Tab. 16),
- durch Anhängen des Suffixes *-disäure* an den Namen des Stammkohlenwasserstoffs oder
- durch Anhängen von *-dicarbonsäure* an den Namen des Stammhydrids, d. h. des um zwei Kohlenstoffatome ärmeren Grundkörpers, benannt.

Beispiel

Für die Dicarbonsäure mit der Formel **$HOOC-(CH_2)_4-COOH$** sind somit die folgenden Benennungen möglich: Adipinsäure, Hexandisäure oder Butandicarbonsäure.

IUPAC-Name	Trivialname	Formel	Schmelzpunkt	pK_{S1}-Wert	pK_{S2}-Wert
Ethandisäure	Oxalsäure	$HOOC-COOH$	+189 °C	1,27	4,28
Propandisäure	Malonsäure	$HOOC-CH_2-COOH$	+136 °C	2,85	5,70
Butandisäure	Bernsteinsäure	$HOOC-CH_2-CH_2-COOH$	+185 °C	4,19	5,64
Pentandisäure	Glutarsäure	$HOOC-(CH_2)_3-COOH$	+ 98 °C	4,35	5,42
Hexandisäure	Adipinsäure	$HOOC-(CH_2)_4-COOH$	+151 °C	4,43	5,41
Decandisäure	Sebacinsäure	$HOOC-(CH_2)_8-COOH$	+134 °C	–	–
(Z)-Butendisäure	Maleinsäure	cis-$HOOC-CH=CH-COOH$	+130 °C	2,00	6,26
(E)-Butendisäure	Fumarsäure	trans-$HOOC-CH=CH-COOH$	+302 °C	3,02	4,39

Tab. 16: Überblick über die wichtigsten Dicarbonsäuren.

Dicarbonsäuren sind **Feststoffe**, die in vielen Früchten in gelöster Form vorkommen, sich aber als Feststoffe nicht unzersetzt verdampfen lassen.

Da ihre Moleküle zwei Carboxylgruppen aufweisen, sind – im Vergleich zu den Monocarbonsäuren – mehr Wasserstoffbrückenbindungen pro Molekül möglich, der intermolekulare Zusammenhalt ist entsprechend stark. Hieraus erklärt sich der unter Normalbedingungen feste Aggregatzustand der Substanzen.

Wichtige Vertreter

Oxalsäure (Ethandisäure) und **Malonsäure** (Propandisäure) sind giftig. Bereits 3–10 Gramm Oxalsäure wirken tödlich, weil die Säure den Calciumstoffwechsel des Körpers empfindlich stört, indem sie die Ca^{2+}-Ionen als Calciumoxalat ausfällt. Als zweiprotonige Säure bildet die Oxalsäure zwei Reihen von Salzen, die Hydrogenoxalate und Oxalate, die z. B. im Sauerklee (*Oxalis acetosella*), im Sauerampfer, Spinat und Rhabarber vorkommen. **Bernsteinsäure** (Butandisäure) und **Adipinsäure** (Hexandisäure) hingegen können als Säuerungsmittel in Lebensmitteln eingesetzt werden. Die **langkettigen Dicarbonsäuren** wie Hexan- oder Decandisäure (Sebacinsäure) sind außerdem wichtige Ausgangsstoffe bei der Herstellung von Polyestern und Polyamiden.

Chemisches Verhalten

Dicarbonsäuren zeigen im Wesentlichen das gleiche chemische Verhalten wie Monocarbonsäuren. Als zweiprotonige Säuren besitzen sie – wie bereits erwähnt – jedoch **zwei Protolyseschritte**:

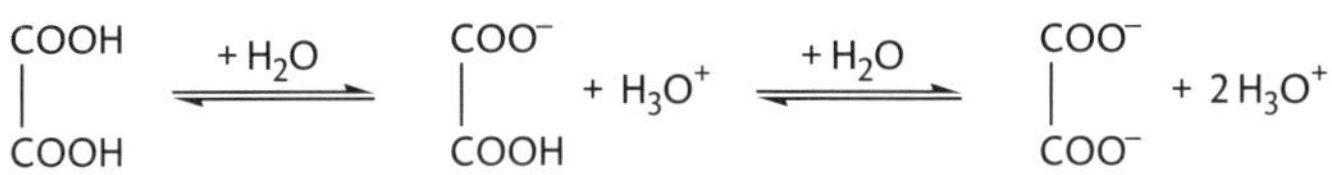

Der zweite Protolyseschritt erfolgt dabei weniger leicht als der erste – was sich aus dem größeren pK_{S2}-Wert ersehen lässt – denn die Abgabe eines Protons (H^+) vom bereits negativ geladenen Anion (z. B. $HOOC–COO^-$) ist im Vergleich zur Ionisierung der ersten Carboxylgruppe erschwert, wie etwa im Fall der Abspaltung des Protons aus dem Oxalsäuremolekül HOOC–COOH.

Auffallend ist allerdings, dass der erste Protolyseschritt bei der Ethandisäure (pK_{S1}: 1,27) viel leichter erfolgt als bei der Ethansäure (pK_S: 4,75), Oxalsäure ist also eine stärkere Säure als Essigsäure. Die Ursache liegt u. a. in dem **–I-** und dem **–M-Effekt**, den die beiden Carboxylgruppen **wechselseitig** aufeinander ausüben. Diese Effekte führen zu einer verstärkten Polarisierung der O–H-Bindung und damit zu einer leichteren Abspaltbarkeit des Wasserstoffatoms als Proton.

Herstellung

Dicarbonsäuren entstehen durch **Oxidation** zweiwertiger primärer **Alkohole**:

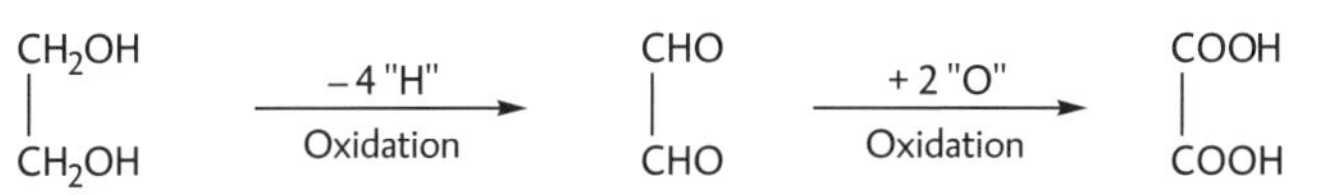

Ethandiol (Glykol) Ethandial Ethandisäure (Oxalsäure)

Die einfachste ungesättigte Dicarbonsäure, die **Butendisäure**, existiert in zwei isomeren Formen. Die beiden (Z)-(E)-Isomeren[19] unterscheiden sich in ihren Eigenschaften teils erheblich, so in ihren Schmelzpunkten und ihrer Acidität (Säurestärke). **cis-Butendisäure** (**Maleinsäure**) wird synthetisch hergestellt, sie kommt in der Natur nicht vor. Sie besitzt einen Schmelzpunkt von +130 °C und ist mit einem pK_S-Wert von 2,0 eine viel stärkere Säure als die isomere **trans-Butendisäure** (**Fumarsäure**), deren pK_S-Wert 3,02 beträgt. Ihr Schmelzpunkt liegt bei +302 °C und sie ist als Fruchtsäure in vielen Pflanzen verbreitet.

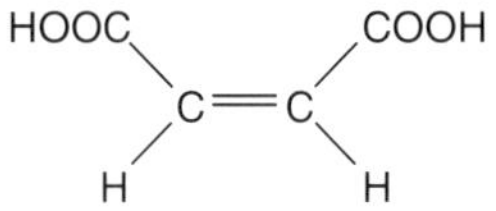

Maleinsäure

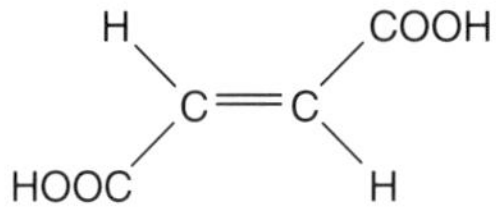

Fumarsäure

Bei der Beurteilung der Säurestärke der Isomeren ist die **Stabilität** der entstehenden **Anionen** das entscheidende Argument: Das Säureanion der Maleinsäure ist durch die Ausbildung einer **intramolekularen Wasserstoffbrücke** stabilisiert; diese Möglichkeit zur Stabilisierung fehlt beim Anion der Fumarsäure:

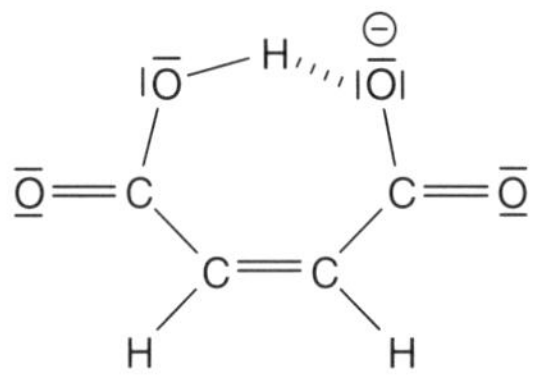

Anion der Maleinsäure

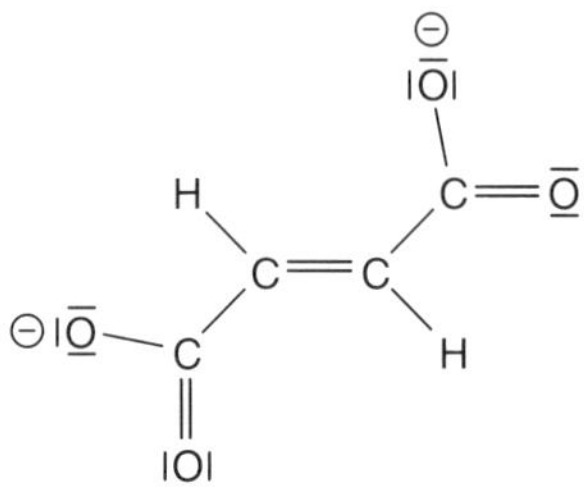

Dianion der Fumarsäure

In Hinblick auf den **zweiten Protolyseschritt** gestaltet sich die Situation für das Dianion der Fumarsäure günstiger, denn hier sind die beiden negativen Ladungen weniger eng benachbart. Der pK_{S2}-Wert der Fumarsäure (pK_{S2}: 4,39) ist kleiner als der pK_{S2}-Wert für die Maleinsäure (pK_{S2}: 6,26). Das Anion der Fumarsäure ist also eine stärkere Säure als das Anion der Maleinsäure.

19 **Z** (zusammen): die vorrangigen Gruppen liegen auf derselben Seite der Doppelbindung; **E** (entgegen): sie liegen auf gegenüberliegenden Seiten.

5 Substitutionsprodukte der Carbonsäuren

Werden **Veränderungen an der Alkylgruppe R** der Carbonsäuren (R–COOH) vorgenommen, indem man einzelne oder mehrere Wasserstoffatome durch Substituenten ersetzt, so erhält man **Substitutionsprodukte** dieser Säuren.
Als Substituenten kommen beispielsweise Halogenatome (–F, –Cl, –Br, –I), Hydroxylgruppen (–OH), Aminogruppen (–NH_2) oder auch aromatische Gruppen wie der Phenylring (–C_6H_5) infrage.

5.1 Aromatische Carbonsäuren

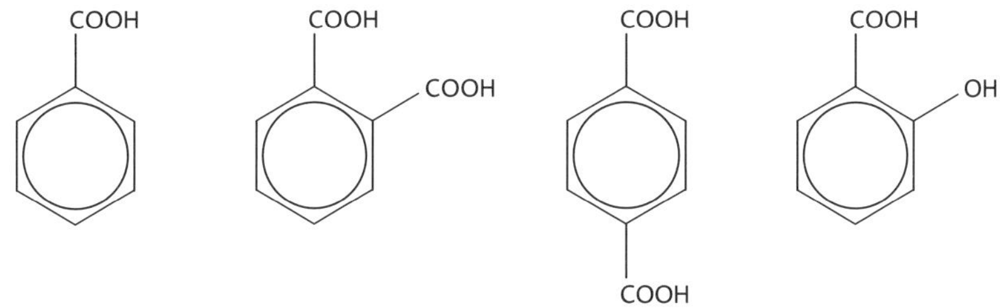

Benzolcarbonsäure	1,2-Benzoldicarbonsäure	1,4-Benzoldicarbon-säure	2-Hydroxybenzoe-säure
(Benzoesäure)	(Phthalsäure)	(Terephthalsäure)	(Salicylsäure)

Der Synthese-Weg zur Benzoesäure

Erfolgt die Reaktion von **Toluol** mit Brom unter Belichtung oder Wärmezufuhr, so erfolgt Substitution eines Wasserstoffatoms in der Methylgruppe (an der Seitenkette) und nicht am Benzolring (*SSS-Regel*), (siehe S. 61). Kocht man im Anschluss das entstandene **Benzylbromid** mit einer verdünnten Natronlauge, so erhält man als Produkt den **Benzylalkohol.**

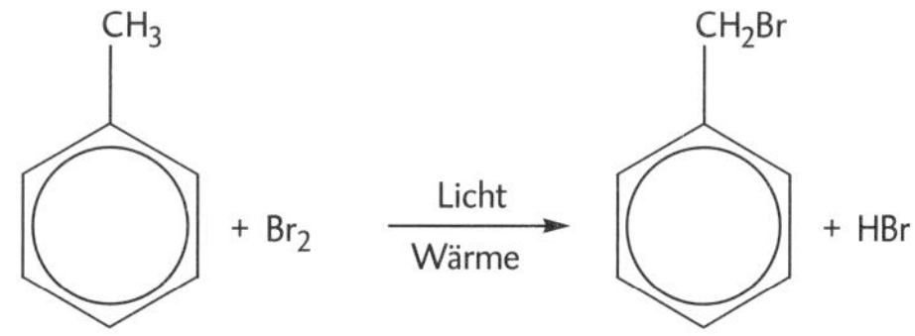

Mechanismus: **radikalische Substitution**

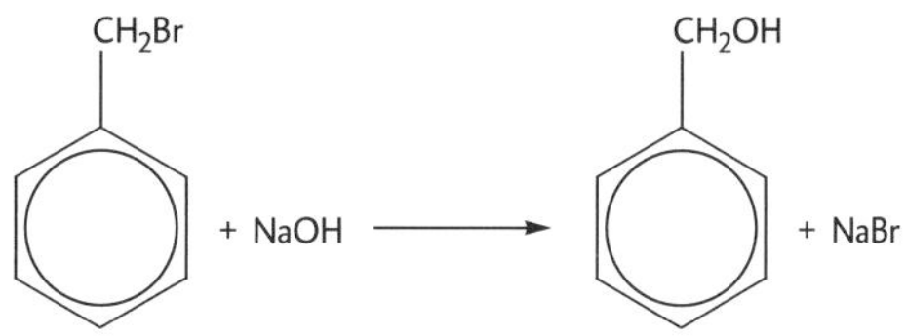

Mechanismus: **nucleophile Substitution**

Bereits an der Luft erfolgt in einem ersten Oxidationsschritt die Dehydrierung dieses aromatischen Alkohols zu **Benzaldehyd.**

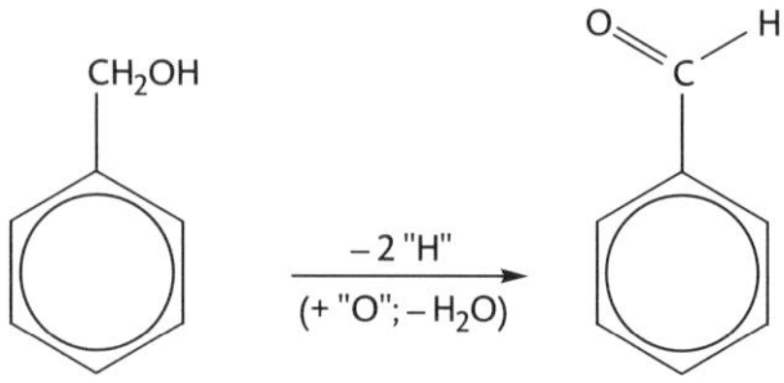

Dehydrierung

Eine zweite Oxidation, die ebenfalls bereits bei Anwesenheit von Luftsauerstoff erfolgen kann, liefert als Produkt **Benzoesäure**.

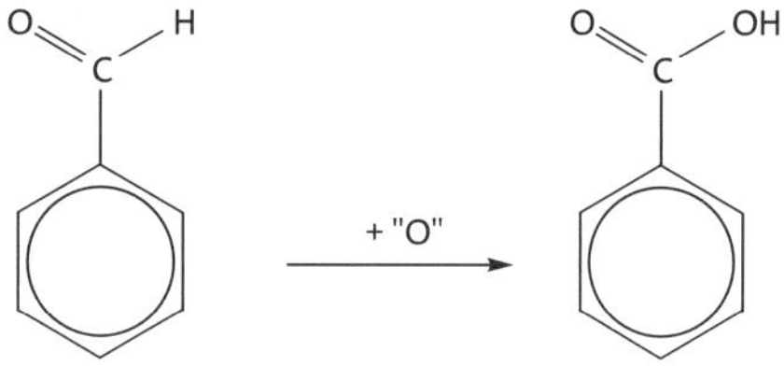

Oxidation

Benzoesäure und ihre Salze, die Benzoate, werden in Fruchtsäften, Marmeladen, Soßen, Fruchtjoghurts und sauren Konserven als Konservierungsmittel (E 210) zur Verhinderung von Schimmelbildung und Gärungsprozessen eingesetzt. Benzoesäure kommt aber auch in der Natur vor, etwa in Heidel- und in Preiselbeeren.

Von den drei isomeren Benzoldicarbonsäuren sind die **Phthalsäure** (1,2-Benzoldicarbonsäure) und die **Terephthalsäure** (1,4-Benzoldicarbonsäure; Strukturformeln siehe S. 145) als bifunktionelle Komponenten wichtige Edukte in der Kunststoffsynthese.

Die **Salicylsäure** (2-Hydroxybenzoesäure), deren Name sich vom lateinischen *salix* für die Weide ableitet, in deren Rinde sie u. a. vorkommt, leitet bereits zu den Hydroxycarbonsäuren über. Sie ist Ausgangsstoff für bedeutende synthetische Ester z. B. dem Arzneimittel Aspirin® (siehe S. 163), oder Konservierungsmitteln wie den PHB-Estern.

Die Acidität der substituierten Benzoesäuren wird wesentlich von den mesomeren und induktiven Effekten der Substituenten bestimmt, aber auch von der Stellung des Substituenten am Benzolring. Substituenten am Ring, die elektronenziehend wirken, z. B. Nitrogruppen $-NO_2$ oder Halogenatome, erleichtern die Abspaltung des Wasserstoffatoms der Carboxylgruppe als Proton, was am kleineren pK_S-Wert der Säuren erkennbar ist. Substituenten, die elektronenschiebend wirken, z. B. Aminogruppen $-NH_2$ oder Hydroxylgruppen $-OH$, setzen die Acidität herab, die pK_S-Werte sind demnach größer.

Aromatische Carbonsäure	Formel	pK_S-Wert	K_S-Wert (mol/l)
Benzoesäure	$C_6H_5{-}COOH$	4,20	$6,3 \cdot 10^{-5}$
o-Nitrobenzoesäure	o-$NO_2{-}C_6H_4{-}COOH$	2,17	$670 \cdot 10^{-5}$
m-Nitrobenzoesäure	m-$NO_2{-}C_6H_4{-}COOH$	3,49	$32 \cdot 10^{-5}$
p-Nitrobenzoesäure	p-$NO_2{-}C_6H_4{-}COOH$	3,44	$36 \cdot 10^{-5}$
p-Chlorbenzoesäure	p-$Cl{-}C_6H_4{-}COOH$	3,99	$10,3 \cdot 10^{-5}$
p-Aminobenzoesäure	p-$NH_2{-}C_6H_4{-}COOH$	4,85	$1,4 \cdot 10^{-5}$
p-Hydroxybenzoesäure	p-$HO{-}C_6H_4{-}COOH$	4,59	$2,6 \cdot 10^{-5}$
o-Hydroxybenzoesäure (Salicylsäure)	o-$HO{-}C_6H_4{-}COOH$	2,98	$105 \cdot 10^{-5}$

Tab. 17: Wichtige aromatische Carbonsäuren.

5.2 Halogencarbonsäuren

Die veränderte Acidität der durch **Halogen**atome substituierten Carbonsäuren wurde bereits in Abschnitt 3.1 diskutiert (siehe S. 131 ff.). Aufgrund der stark elektronenziehenden Wirkung (–I-Effekt) der Halogenatome besitzen sie eine größere Säurestärke als die entsprechenden unsubstituierten Säuren.
Chloressigsäure erhält man aus der Reaktion von Essigsäure mit Chlor unter Belichtung, also durch **radikalische Substitution**:

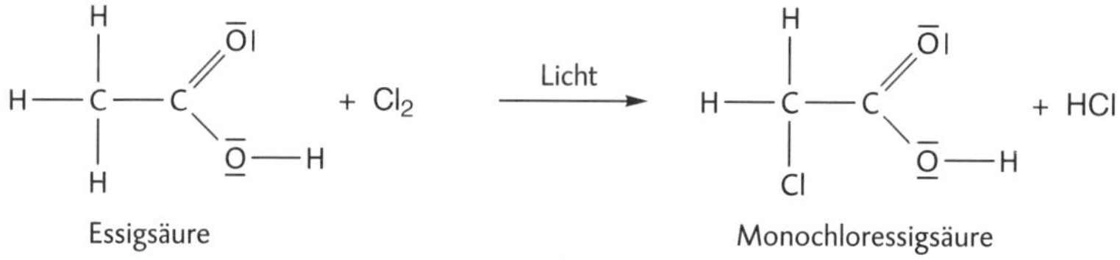

Wird Chlor im Überschuss eingesetzt, so erfolgt verstärkt Mehrfach-Substitution: Dichloressigsäure und Trichloressigsäure fallen dann als Produkte in größerem Umfang an.

5.3 Hydroxycarbonsäuren

Hydroxycarbonsäuren enthalten in ihren Molekülen neben der Carboxyl- auch eine **Hydroxyl**gruppe. Die Synthese der **Hydroxyessigsäure** geht von der Monochloressigsäure aus:

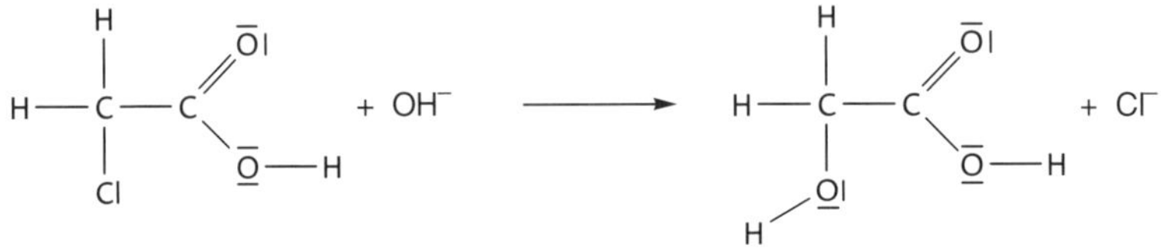

Monochloressigsäure Hydroxyessigsäure

Auch die Hydroxycarbonsäuren zeigen gegenüber den entsprechenden unsubstituierten Carbonsäuren eine erhöhte Acidität: Der –I-Effekt der Hydroxylgruppe wirkt sich aciditätssteigernd aus.
Die bekannteste Hydroxycarbonsäure ist sicherlich die **2-Hydroxypropansäure** (α-Hydroxypropionsäure) oder **Milchsäure**, CH_3–CH(OH)–COOH. Milch-säure entsteht z. B. beim bakteriellen Abbau von Milchzucker, sie verursacht damit das Sauerwerden der Milch. Milchsäuregärung durch Milchsäurebakterien ermöglicht auch die Herstellung von Sauerkraut oder die Bereitstellung von Silage (Silofutter) für das Vieh.
Da Milchsäure konservierende Eigenschaften besitzt, wird sie unter dem Kürzel E 270 vielfach als Säuerungs- und Aromamittel („Genusssäure") in Lebensmitteln wie Kindernahrung, Softmargarine oder Konfekt eingesetzt.
Auch die Muskulatur des Menschen kann bei mangelnder Sauerstoffversorgung, z. B. bei sportlicher Überbelastung, kurzfristig auf die Energiegewinnung durch Milchsäuregärung zurückgreifen. Die daraus resultierende „Übersäuerung der Muskulatur" ist zusammen mit feinsten Muskelfaserrissen eine der Ursachen für das Auftreten von Muskelkater. Der Umfang dieser Form der anaeroben Energiebereitstellung lässt sich durch eine so genannte **Lactatmessung** im Blut verfolgen: Der Lactatwert gibt Auskunft über den Trainingszustand eines Sportlers. Lactate sind die Salze der Milchsäure.
Da die Milchsäure ein Hydroxylgruppe besitzt, sind von ihr auch Reaktionen zu erwarten, die **für Alkohole typisch** sind. Sekundäre Alkohole lassen sich zu Ketonen oxidieren, entsprechend gelingt die **Oxidation** der 2-Hydroxypropansäure zur **Propanonsäure**. Diese auch als **Brenztraubensäure** bekannte Substanz spielt in Form ihres Salzes, des **Pyruvats**, eine entscheidende Rolle im Energiestoffwechsel der Lebewesen.

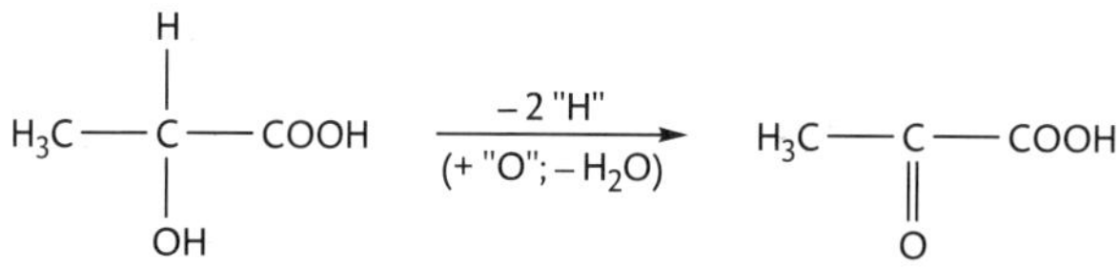

2-Hydroxypropansäure (Milchsäure) Propanonsäure (Brenztraubensäure)

Aus der Reihe der Hydroxycarbonsäuren seien als weitere Vertreter zwei bekannte „Fruchtsäuren“ erwähnt, die in der Nahrungsmittelproduktion vielseitige Verwendung finden. Der Trivialname **Weinsäure** für die **2,3-Dihydroxybutandisäure** HOOC–CH(OH)–CH(OH)–COOH verweist auf ihr Vorkommen in Weintrauben. Man findet sie aber auch im Huflattich und im Löwenzahn. Im Brausepulver reagiert Weinsäure mit „Natron“ (Natriumhydrogencarbonat) $NaHCO_3$ unter Bildung von Kohlenstoffdioxid, als Säuerungsmittel (E 334) veredelt sie Marmeladen, Gelees und Konfekt.

Eine der verbreitesten Pflanzensäuren ist die **Citronensäure**, korrekt benannt als **2-Hydroxy-1,2,3-propantricarbonsäure**. Im Zitronensaft ist sie in einer Konzentration von 5–7 % enthalten. Industriell in großem Maßstab gewonnen wird Citronensäure aus der Vergärung von Melasse, den Rückständen aus der Zuckergewinnung, durch den Schimmelpilz *Aspergillus niger*. Citronensäure finden wir in Brauselimonaden und als Lebensmittelzusatzstoff (E 330) in Eiscreme und Fertigsuppen, in Bonbons und in Dosenfrüchten, wo sie die Bräunung der Früchte unterdrückt und den Geschmack verbessert.

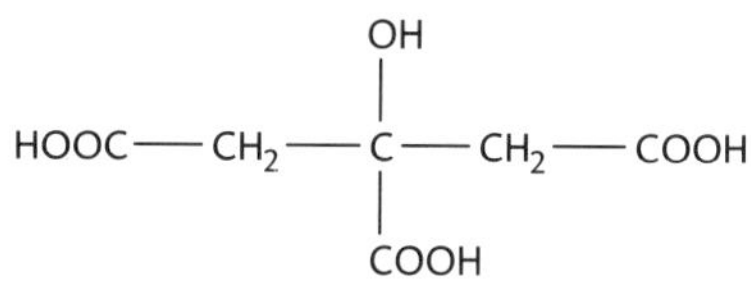

Citronensäure

5.4 Aminocarbonsäuren

Proteine (Eiweißstoffe) sind aus **Aminocarbonsäuren** (Aminosäuren) aufgebaut. Bei ihrer thermischen Zersetzung entsteht Ammoniak, ein Hinweis auf das Vorhandensein einer Aminogruppe $-NH_2$ im Molekül.

Alle 20 proteogenen[20] **Aminosäuren** sind 2-Aminocarbonsäuren (α-Aminosäuren); die beiden funktionellen Gruppen, die Carboxyl- und die Aminogruppe sind also im Molekül eng benachbart. So handelt es sich bei der Aminosäure **Alanin** um die 2-Aminopropansäure CH_3–$CH(NH_2)$–COOH, die isomere

20 Eine **proteogene** Aminosäure ist am Aufbau von Proteinen beteiligt.

3-Aminopropansäure (β-Aminopropionsäure) $CH_2(NH_2)-CH_2-COOH$ aber kommt nicht in Proteinen vor.
Alle Aminosäuren sind kristalline, salzähnliche **Feststoffe**, die sich nicht verdampfen lassen. So zerfällt die einfachste Aminosäure Glycin (Aminoethansäure) H_2N-CH_2-COOH beim Erhitzen auf 230 °C. Da Aminosäuren sowohl die saure Carboxylgruppe als auch die basische Aminogruppe $-NH_2$ besitzen, liegen sie – als Folge einer **intramolekularen Protolyse** – im festen Zustand und auch in wässriger Lösung als „**Zwitterionen**" vor, d.h. in Form eines so genannten „inneren Salzes":

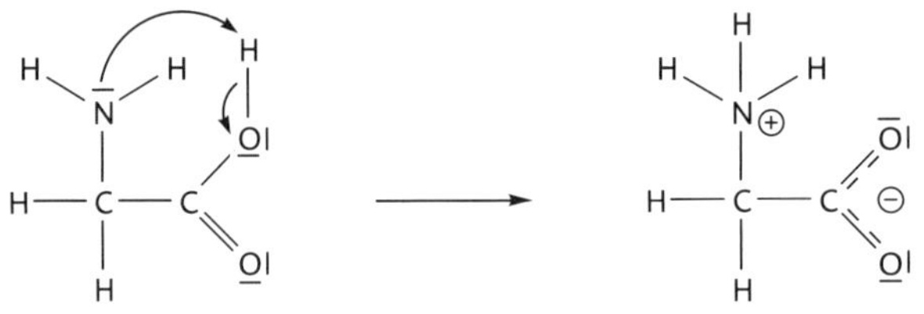

Aminosäure-
Molekül (Glycin)

Ammoniumcarboxylat-
Zwitterion

Die Acidität der Aminocarbonsäuren ist im Vergleich zu den entsprechenden Carbonsäuren erniedrigt, d.h. sie besitzen einen höheren pK_S-Wert als diese.
Die Aminoessigsäure Glycin weist einen pK_S-Wert von 9,80 auf; sie ist damit wesentlich schwächer sauer als die unsubstituierte Essigsäure mit einem pK_S-Wert von 4,75. Der Sachverhalt wird verständlich, wenn wir daran denken, dass Glycin in wässriger Lösung als Zwitterion vorliegt. In diesem Zustand reagiert nicht die –COOH-Gruppe, sondern die protonierte Ammoniumgruppe $-NH_3^+$ als Säure – auf sie bezieht sich also der pK_S-Wert. (Zum Vergleich: Der pK_S-Wert des freien Ammoniumions NH_4^+ beträgt 9,37.)
Wenn wir uns mit den Aminosäuren als **Bausteine der Proteine** befassen, so können wir im Folgenden zum besseren Verständnis und vereinfachend die Zwitterionen-Struktur der Aminosäuren unberücksichtigt lassen und für **α-Aminosäuren** nebenstehende allgemeine Formel angeben.

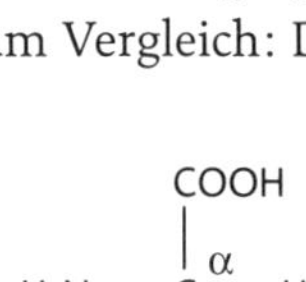

Der Buchstabe „R" steht hier für die unterschiedlichen Reste am α-Kohlenstoffatom der Aminosäuremoleküle. Diese Reste können **unpolar** sein wie bei **Alanin** (Kürzel: Ala; 2-Aminopropansäure), bei dem R für die Methylgruppe $-CH_3$ steht, sie können **polar** sein wie bei **Serin** (Ser, 2-Amino-3-hydroxypropansäure), wo R durch die $-CH_2-OH$-Gruppe ersetzt wird. Die Reste der Aminosäuren können **Schwefel** enthalten wie bei **Cystein** (Cys; R steht für $-CH_2-SH$), eine **zweite Carboxylgruppe** wie im Falle der **Gluta-**

minsäure (Glu; R steht für den „sauren Rest“ $-CH_2-CH_2-COOH$) oder eine **zweite Aminogruppe** wie bei **Lysin** (Lys; R steht hier für den „basischen Rest“ $-CH_2-CH_2-CH_2-CH_2-NH_2$).
Die räumliche Anordnung der vier Substituenten am α-Kohlenstoffatom ist tetraederförmig, weswegen in der vorhergehend gezeigten „flachen“ Projektionsformel zwei unterschiedliche Positionen der Aminogruppe denkbar sind: Sie kann in der Zeichenebene auf der linken oder rechten Seite stehen. Aus dieser flachen Projektionsformel schlecht erkennbar, am dreidimensionalen Molekülmodell aber sehr gut ersichtlich wird jedoch, dass diese beiden **Stereoisomere**[21] nicht zur Deckung gebracht werden können und dass es sich somit tatsächlich um unterschiedliche Moleküle handelt.
Die Moleküle der „Links-“ und „Rechtsform“ verhalten sich dabei **wie Bild und Spiegelbild**, sie sind „händig“ oder **chiral**. Die hier beschriebene Form der **Isomerie** besteht also darin, dass sich an einem **(Chiralitäts-)Zentrum**, dem α-Kohlenstoffatom, vier verschiedene Substituenten befinden, deren räumliche Orientierung unterschiedlich ist. Die Substanzen werden entsprechend auch als **D-** (vom lat. *dexter*: rechts) und **L-** (vom lat. *laevus:* links) **Aminosäuren** bezeichnet.

Bemerkenswert ist, dass in den Proteinen der lebenden Organismen nur **α-L-Aminosäuren** vorkommen.

Wichtige Vertreter

Die einfachste α-Aminosäure **Glycin** (auch Glykokoll; Aminoethansäure; Gly) H_2N-CH_2-COOH ist die einzige Vetreterin dieser Klasse, von der keine Stereoisomere existieren, denn um ihr zentrales Kohlenstoffatom sind nur drei verschiedene Reste gruppiert: eine Amino- und eine Carboxylgruppe sowie **zwei** Wasserstoffatome. Diese α-Aminosäure, die in den meisten Eiweißstoffen vorkommt, aber in Milchproteinen fehlt, bildet farblose, süß schmeckende Kristalle, welche einen Schmelzpunkt von 233 °C besitzen.
Alanin (2-Aminopropansäure; α-Aminopropionsäure; Ala) $CH_3-CH(NH_2)-COOH$ ist ebenfalls ein kristalliner Feststoff mit einem Schmelzpunkt von 297 °C. Sie kommt in fast allen Proteinen wie etwa Seide vor, wo sie mit einem Anteil von ca. 25 % vertreten ist.
In Weizen, Mais und Soja, Ei- und Milcheiweiß findet sich eine andere weit verbreitete Aminosäure: **Glutaminsäure** (2-Aminopentandisäure; α-Aminoglutarsäure; Glu) $HOOC-CH_2-CH_2-CH(NH_2)-COOH$. Sie findet Verwen-

21 **Stereochemie** ist das Teilgebiet der Chemie, das sich mit dem räumlichen Bau der Moleküle beschäftigt.

dung als Aromastoff für Fleischerzeugnisse und in Form ihres Salzes **Natriumglutamat** als Geschmacksverstärker z. B. in Suppenkonzentraten.
Cystein (2-Amino-3-mercaptopropansäure; Cys) $HS{-}CH_2{-}CH(NH_2){-}COOH$ kommt z. B. im Keratin unserer Haare vor. Der kristalline Feststoff mit einem Schmelzpunkt von 178 °C wird in Backwaren und in Arzneimitteln eingesetzt.
Lysin (2,6-Diaminohexansäure, Lys) $H_2N{-}CH_2{-}CH_2{-}CH_2{-}CH_2{-}CH(NH_2){-}COOH$ ist in vielen tierischen Proteinen vertreten, in Getreide aber nur in sehr geringen Mengen vorhanden. Lysin ist eine **essenzielle Aminosäure** für den Menschen, der Tagesbedarf beträgt 1,6 Gramm.
Essenzielle (lat. *essentia*: Wesen), „wesentliche" Aminosäuren werden diejenigen der **20 proteogenen Aminosäuren** genannt, die im Stoffwechsel des Menschen nicht aus Vorstufen synthetisiert werden können und daher mit den Proteinen in der Nahrung aufgenommen werden müssen.

Essenziell, also lebensnotwendig sind die **acht** Aminosäuren
- Lysin (Lys),
- Leucin (Leu),
- Isoleucin (Ile),
- Methionin (Met),
- Phenylalanin (Phe),
- Threonin (Thr),
- Tryptophan (Trp) und
- Valin (Val),

semiessenziell sind
- Arginin (Arg) und
- Histidin (His),

die nur in Wachstumsphasen und bei Mangelerscheinungen zugeführt werden müssen.

Aufbau der Peptide

Die Verknüpfung von Aminosäuremolekülen zu **Peptiden** (Dipeptide, Tripeptide, Tetrapeptide, ...) erfolgt unter Abspaltung von Wassermolekülen, also durch **Kondensation** bzw. **Poly**kondensation. Dabei reagieren die funktionellen Gruppen, also die **Amino-** und die **Carboxylgruppe** der beteiligten Aminosäuren miteinander.

Sind weniger als 10 Aminosäuren verknüpft, spricht man von **Oligopeptiden**, sind es 10 bis 100 Aminosäuren von **Polypeptiden** und erst bei mehr als 100 Aminosäuren in der Peptidkette von **Proteinen** im engeren Sinne. Proteine sind somit **makromolekulare Stoffe**.

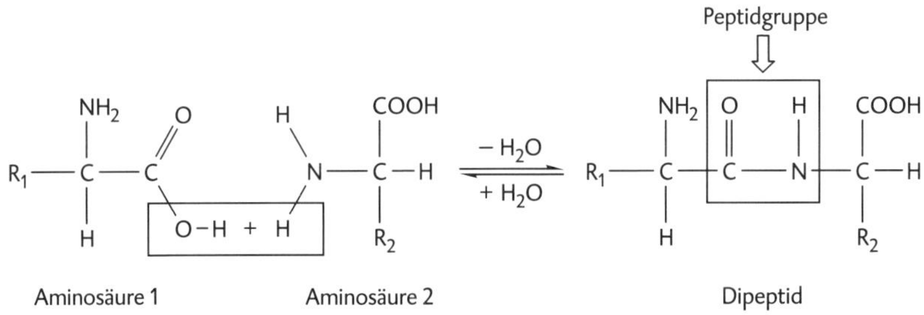

Die aus der Kondensation zweier Aminosäuren resultierende Gruppe ist streng genommen eine **Säureamidgruppe –CO–NH–**, die hier aber die spezielle Bezeichnung **Peptidgruppe** trägt.

In saurer und alkalischer Lösung kann die Peptidbindung hydrolytisch gespalten werden, was in der zuvor gezeigten Reaktionsgleichung durch den Gleichgewichtspfeil verdeutlicht wird. Dabei stellt die **Hydrolyse** die exakte Umkehrreaktion der Kondensation dar. Daneben gibt es auch den enzymatischen Abbauweg von Proteinen durch **Verdauungsenzyme** wie durch **Pepsin** im Magen bzw. Erepsin im Dünndarm des Menschen.

Peptidmoleküle werden in der Literatur allgemein so dargestellt, dass ihr **N-terminales Ende links** und ihr **C-terminales Ende rechts** steht:

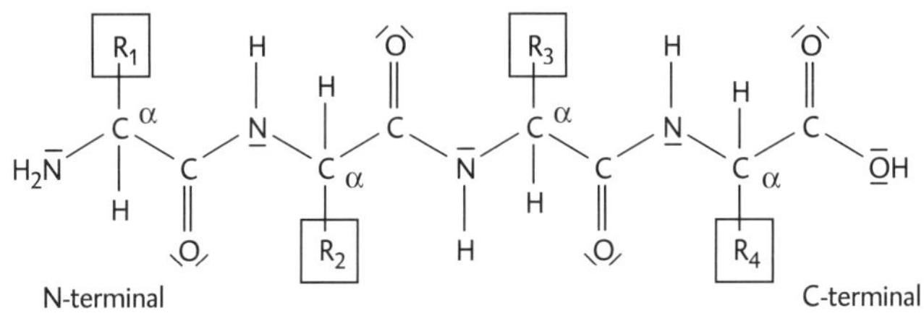

Entsprechend erfolgt dann auch die Benennung:

Beispiel

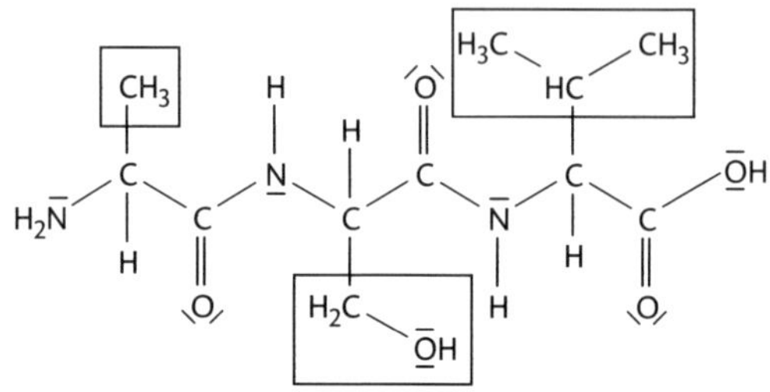

Das Tripeptid Alanyl-seryl-valin

Interessantes gibt es über die **Geometrie der Peptidgruppe** zu berichten. An den α-Kohlenstoffatomen liegt eine **tetraedrische** Bindungsanordnung vor. Benachbarte α-Kohlenstoffatome liegen dabei zur zentralen **planaren Peptidgruppe** praktisch in trans-Stellung, d. h. die vier Atome der Peptidgruppe –CO–NH– liegen in einer Ebene. Von einer trans-Stellung zu sprechen macht aber nur Sinn, wenn um die zentrale Bindung, hier also die Peptidbindung, eine Rotation ausgeschlossen ist. Auch die cis-trans-Isomerie bei substituierten Alkenen beruht schließlich auf der Tatsache, dass es **keine freie Drehbarkeit** um die C=C-Doppelbindung gibt. Tatsächlich lässt sich bei der C–N-Peptidbindung ein gewisser Doppelbindungscharakter feststellen, denn sie ist kürzer als gewöhnliche C–N-Bindungen. Während eine „normale" C–N-Bindung, z. B. in Aminen wie dem Methylamin CH_3–NH_2, eine Bindungslänge von 147 pm aufweist, misst die C–N-Bindung in Peptiden „nur" 133 pm.

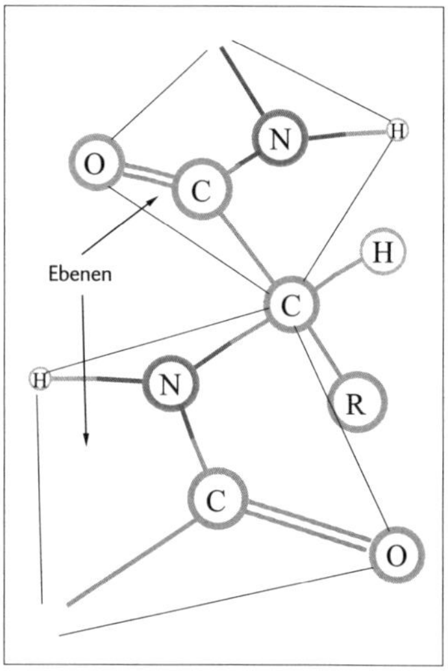

Abb. 33: „Ball-and-stick"-Modell der Peptidbindung.

Andererseits besitzt eine „normale“ C=O-Doppelbindung eine Bindungslänge von 121 pm, die C=O-Doppelbindung der Peptidgruppe ist mit 124 pm aber etwas länger. Anhand dieser Daten lässt sich für die **C=O**-Bindung in Peptiden ein **Doppelbindungscharakter** von „nur“ **60 %**, für die **C–N**-Bindung in Peptiden ein **Doppelbindungscharakter** von immerhin **40 %** berechnen.
Diese Bindungsverhältnisse lassen sich durch mesomere Grenzformeln für die typische Gruppierung der Peptide darstellen:

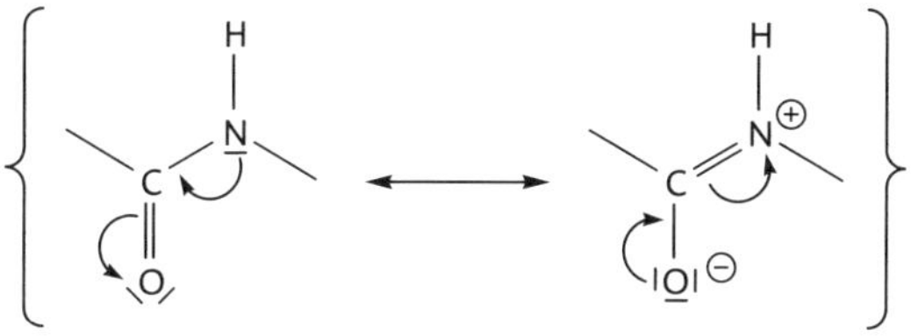

Grenzformel 1 Grenzformel 2

Die Grenzformel 2 unterstreicht den **Doppelbindungscharakter der Peptidgruppe** und erklärt damit

- die geringere Länge der Peptidbindung,
- die eingeschränkte Rotation um deren Bindungsachse und
- den planaren Bau der Peptidgruppe mit Bindungswinkeln von etwa 120°.

6 Derivate der Carbonsäuren

Substituierte Carbonsäuren erhält man durch Veränderungen am Alkylrest der Säure (siehe S. 145), zu den **Derivaten** der Carbonsäuren gelangen wir durch **Veränderungen an der Carboxylgruppe**. Wird das **Wasserstoffatom** der Carboxylgruppe als Proton durch ein **Metallion** ersetzt, erhält man **Salze** der Carbonsäuren. Wird aber die **gesamte –OH-Gruppe** durch ein Atom wie –Cl oder eine Atomgruppe wie $-NH_2$ oder $-OCH_3$, $-OC_2H_5$ ersetzt, so gelangen wir zu den Säure**chloriden**, Säure**amiden** und **Estern**.

6.1 Salze der Carbonsäuren

Bei der Neutralisation von Carbonsäuren durch Laugen entstehen Salze; ebenso bei der Reaktion der Carbonsäuren mit Metallen (siehe S. 141). Die IUPAC-Namen der Salze werden aus den betreffenden Säurenamen abgeleitet, indem das Suffix *-säure* durch *-oat* ersetzt wird. Das Salz der Pentansäure heißt also Pentanoat, das der Ethansäure folglich Ethanoat.

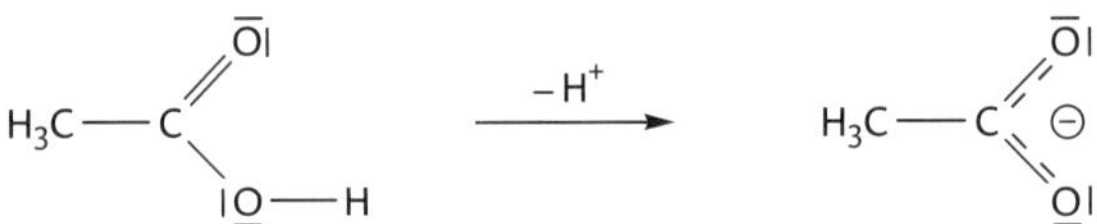

Gebräuchlich sind aber auch Trivialnamen wie Acetat, Formiat, Palmitat oder Stearat, über die die folgende Tabelle einen Überblick gibt:

Carbonsäure		Salz	
IUPAC-Name	**Trivialname**	**IUPAC-Name**	**Trivialname**
Methansäure	Ameisensäure	Methanoat	Formiat
Ethansäure	Essigsäure	Ethanoat	Acetat
Hexadecansäure	Palmitinsäure	Hexadecanoat	Palmitat
Octadecansäure	Stearinsäure	Octadecanoat	Stearat

Tab. 18: IUPAC- und Trivialnamen wichtiger Carbonsäuren und ihrer Salze.

Die Salze der Ölsäure heißen Oleate, die der Milchsäure Lactate und die der Citronensäure Citrate, Pyruvate sind Salze der Brenztraubensäure.
Als **Dicarbonsäure** weist die Oxalsäure (Ethandisäure) zwei Reihen von Salzen auf: die Oxalate und Hydrogenoxalate. Der saure Geschmack von Sauerklee (*Oxalis acetosella*), Rhabarber, Spinat und Stachelbeeren wird vor allem durch **Kaliumhydrogenoxalat** $(HOOC{-}COO^-)K^+$ hervorgerufen; wegen

seines Vorkommens im Sauerklee wird dieses Salz auch als Kleesalz bezeichnet. Kaliumhydrogenoxalat bildet mit Eisenionen wasserlösliche **Eisenoxalat**-Komplexe und wird daher zum Entfernen von Rostflecken verwendet. Oxalsäure ist im menschlichen Harn ein normaler Bestandteil. In den Nieren kann sich schwer lösliches **Calciumoxalat** $(^{-}OOC{-}COO^{-})_2Ca^{2+}$ unter Bildung von Nierensteinen ablagern.

Weinsteinkristalle, die sich zuweilen am Boden einer Weinflasche abscheiden, bestehen aus einem Gemisch aus **Kaliumhydrogentartrat** $(HOOC{-}CHOH{-}CHOH{-}COO^{-})K^{+}$ und **Calciumtartrat** $(^{-}OOC{-}CHOH{-}CHOH{-}COO^{-})Ca^{2+}$. **Kalium-Natrium-Tartrat** dient als Komplexbildner für die Cu^{2+}-Ionen in Fehling'scher Lösung bei Nachweisreaktionen auf Zucker (siehe S. 100 f.). Es verhindert die Ausfällung von Kupferhydroxid im Alkalischen und hält die Cu^{2+}-Ionen als tiefblauen **Kupfertartrat-Komplex** in Lösung.

Die **Natrium- und Kaliumsalze** der Fettsäuren wie die Oleate, Stearate oder Palmitate sind **Seifen**. Als ein möglicher Vertreter unter vielen sei an dieser Stelle **Natriumoleat** $(CH_3{-}(CH_2)_7{-}CH{=}CH{-}(CH_2)_7{-}COO^{-})Na^{+}$ genannt. Umschläge mit einer Lösung von basischem **Aluminiumacetat** $(CH_3COO^{-})_2(OH^{-})Al^{3+}$, auch als „essigsaure Tonerde" bekannt, wirken entzündungshemmend und beschleunigen die Wundheilung. Bestandteil des giftigen „Grünspans" ist basisches **Kupferacetat** $(CH_3COO^{-})(OH^{-})Cu^{2+}$.

6.2 Carbonsäureanhydride

Das bekannteste Carbonsäureanhydrid ist **Essigsäureanhydrid (Acetanhydrid)** $(H_3C{-}CO)_2O$, welches als wasserähnliches **Lösungsmittel** für anorganische und organische Stoffe Verwendung findet. Die stark ätzende, stechend riechende, zu Tränen reizende Flüssigkeit bildet bei Kontakt mit Wasser Essigsäure. Umgekehrt erhält man Säureanhydride, wenn man geeigneten Säuren das Wasser entzieht, z. B. durch Erwärmen, durch Behandlung mit Trockenmitteln oder durch chemische Einwirkung.

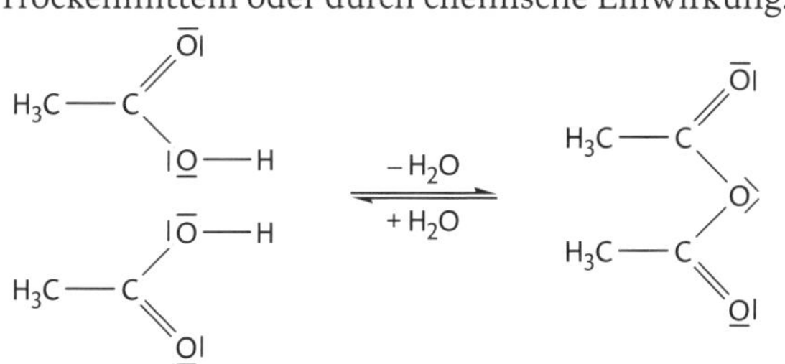

Essigsäure Essigsäureanhydrid

6.3 Carbonsäurechloride

Die Derivate der Carbonsäuren, bei denen die Hydroxylgruppe gegen ein **Chlor**atom ausgetauscht ist, heißen Carbonsäurechloride. Die kurzkettigen Säurechloride sind wie das im Folgenden dargestellte **Acetylchlorid** stechend riechende Substanzen, die an der Luft infolge von Hydrolysereaktionen Nebel bilden und gegenüber Wasser sehr reaktionsfreudig sind:

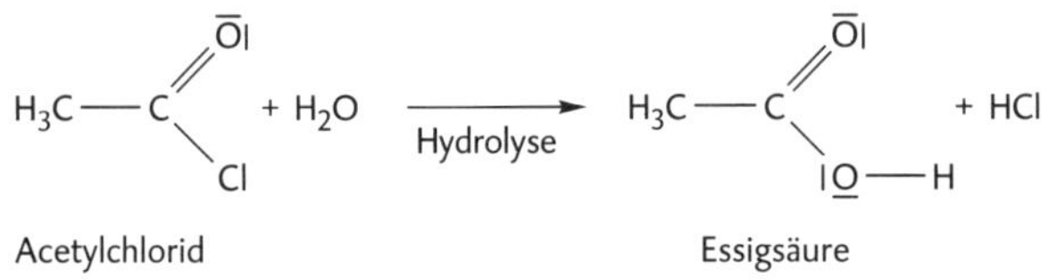

Säure**di**chloride, z. B. das Säuredichlorid der Decandisäure (Sebacinsäure), sind zusammen mit **Diaminen** wichtige Ausgangsstoffe für die Synthese von Polyamid-Fasern wie **Nylon**:

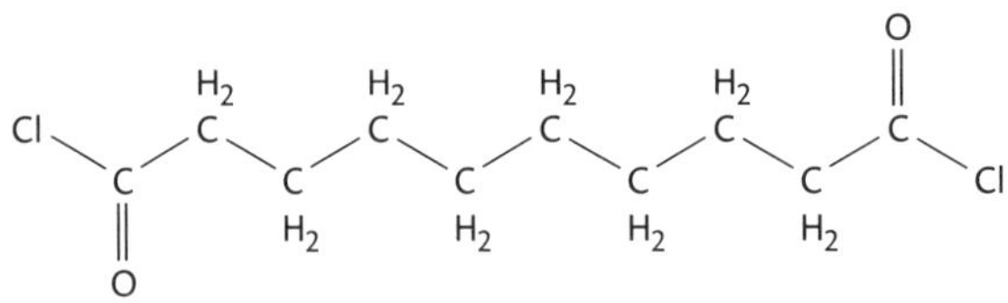

Decansäuredichlorid (Sebacinsäuredichlorid)

6.4 Carbonsäureamide

Die Derivate der Carbonsäuren, bei denen die **Hydroxyl**gruppe gegen eine **Amino**gruppe ausgetauscht ist, heißen **Carbonsäureamide**. Säureamide können durch die Reaktion der Säurechloride mit Ammoniak hergestellt werden:

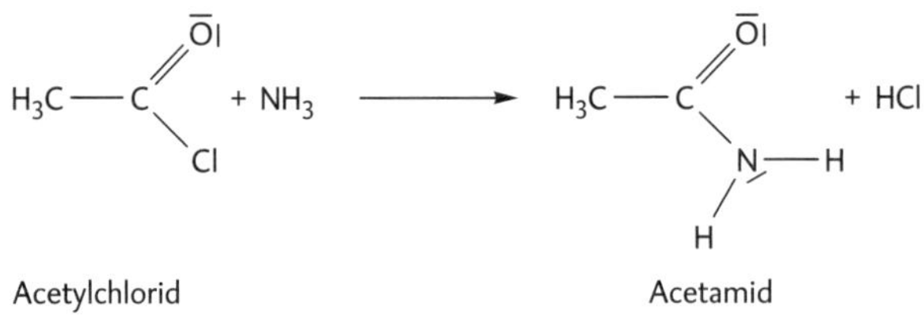

Das einfachste Säureamid ist das von der Methansäure (Ameisensäure) abgeleitete **Formamid**, eine haut- und schleimhautreizende Flüssigkeit, die ein ausgezeichnetes nicht wässriges Lösungsmittel für viele anorganischen Salze darstellt.

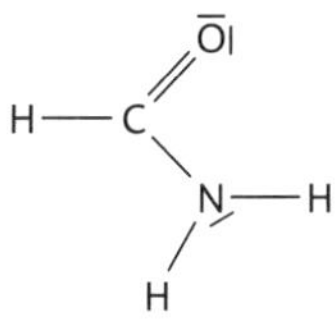

Formamid

6.5 Carbonsäureester

Carbonsäuren und Alkohole reagieren miteinander zu Carbonsäure**estern**. Da hierbei Wasser freigesetzt wird, spricht man von einer Kondensation:

Carbonsäureester

Die entstehende **funktionelle Gruppe** wird als **Ester**gruppe bezeichnet. Zur **Benennung** der Ester fügt man dem Namen der Säure den Alkylrest des Alkohols hinzu und setzt das Suffix *-ester* an den Schluss. Man spricht also etwa von Essigsäureethylester, oder aber verwendet eine Bezeichnung wie bei Salzen (siehe S. 156), wobei der Alkylrest die Rolle des Kations übernimmt, benennt also den zuvor erwähnten Ester als **Ethylethanoat** oder Ethylacetat.

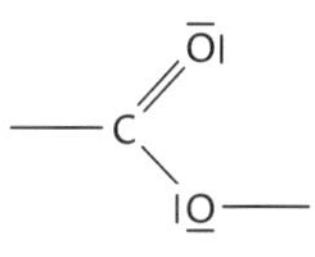

Estergruppe

Veresterung / Esterspaltung

Die **Veresterung** stellt eine Gleichgewichtsreaktion dar, deren Einstellung unter normalen Umständen Tage dauern kann. Durch Einsatz von Säuren als Katalysatoren wird die Reaktionsgeschwindigkeit erhöht und die Einstellung des Gleichgewichtes beschleunigt. Bei der säurekatalysierten Veresterung von Carbonsäuren mit Alkoholen ohne voluminöse Seitengruppen, wie etwa einfachen Fettsäuren und primären Alkanolen, erfolgt im **ersten Reaktionsschritt** eine Protonierung des Sauerstoffatoms der Carboxylgruppe. Das entstehende positiv geladene Teichen, ein Carbeniumion, ist mesomeriestabilisiert.

In der Reaktionsgleichung ist nur diejenige Grenzstruktur angegeben, bei der sich die positive Ladung beim C-Atom befindet:

Im **zweiten Reaktionsschritt** lagert sich das Alkoholmolekül an das gebildete Carbeniumion an:

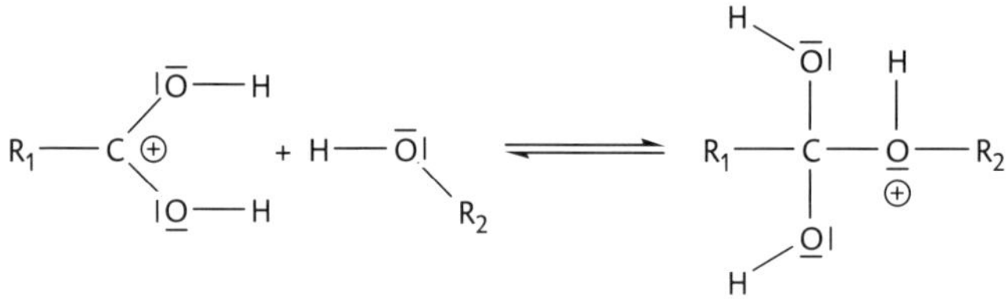

Im **dritten Reaktionsschritt** wandert ein Proton zum benachbarten Sauerstoffatom:

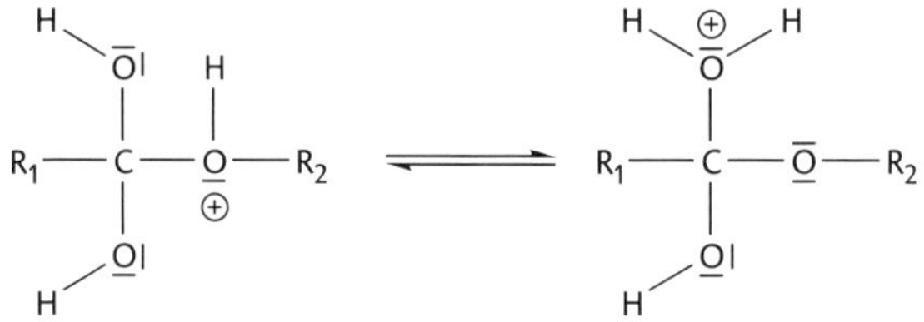

Im **vierten Reaktionsschritt** wird Wasser abgespaltet:

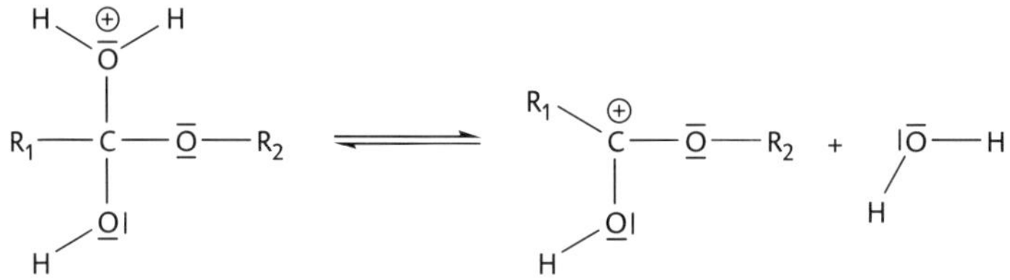

Beim **letzten Reaktionsschritt** bildet sich unter Abgabe eines Protons der Ester:

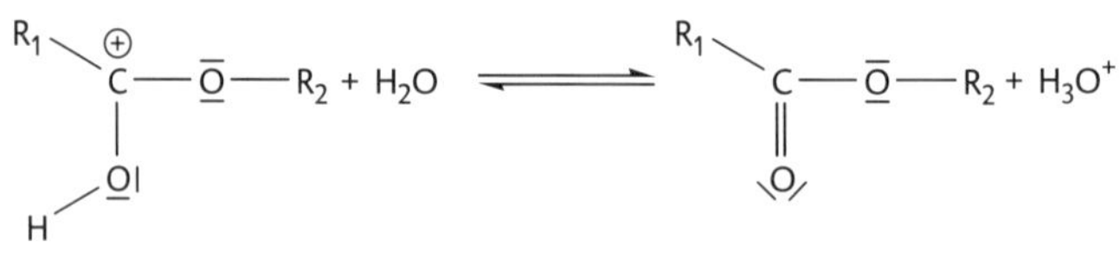

Unter einer **Esterhydrolyse** versteht man die Esterspaltung in Säure und Alkohol unter Mitwirkung von Wasser. Sie verläuft im sauren Milieu in **entgegengesetzter Richtung** nach dem gleichen Mechanismus wie die Versterung und führt zwangsläufig ebenfalls zu einem Gleichgewicht. Das Estergleichgewicht ist historisch bedeutsam, da seine Untersuchung durch BERTHELOT und SAINT-GILLES im letzten Jahrhundert eine wichtige Vorarbeit für die Aufstellung des **Massenwirkungsgesetzes** durch GULDBERG und WAAGE bildete.
Bei der **alkalischen Esterspaltung („Verseifung“)** greift ein Hydroxidion das positiv polarisierte C-Atom der Carboxylgruppe an. Dafür wird ein Alkoholation (R–O⁻) abgestoßen. Dieses entreißt der entstandenen Carbonsäure ein Proton. Somit sind ein Carbonsäureanion und ein Alkoholmolekül entstanden. Da das Alkohol-Teilchen keine Tendenz mehr zeigt, das Säureanion wieder anzugreifen, ist diese Folge von Reaktionsschritten nicht umkehrbar:

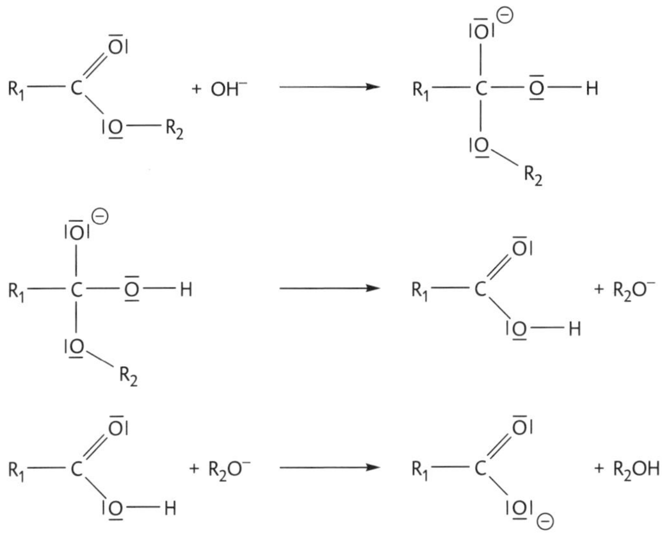

Wichtige Carbonsäureester

Wegen der **Vielfalt** der möglichen Säure- oder Alkohol-Komponenten ist die Gruppe der Ester sehr variantenreich. Die niedermolekularen Essigsäureester sind beispielsweise farblose, brennbare Flüssigkeiten, die meist mit Wasser nicht mischbar sind und oft einen angenehmen, fruchtartigen Geruch besitzen. Die Ester aus Glycerin und Fettsäuren sind dagegen feste Fette oder fette Öle, die geruchlos und geschmacksneutral sind, allerdings unter dem Einfluss von Licht und Luft ranzig werden.

Essigsäureethylester ist der wichtigste Essigsäureester. Er ist eine farblose, angenehm riechende Flüssigkeit mit einer Schmelztemperatur von –83 °C und einer Siedetemperatur von +77 °C. Verwendung findet er als Lösungsmittel, z. B. als Bestandteil von Nagellackentferner.

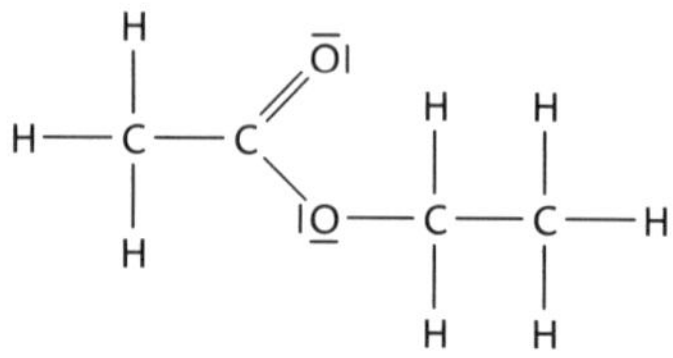

Essigsäureethylester

Die Herstellung erfolgt entweder aus Essigsäure und Ethanol oder nach dem Tischtschenko-Verfahren. Dabei wird Ethanal mit Aluminiumethanolat umgesetzt, ein Ethanolation $CH_3CH_2O^-$ greift das Aldehyd-Kohlenstoffatom an und unter Übertragung von Wasserstoff samt seiner Bindungselektronen auf ein weiteres Ethanalmolekül bildet sich das Endprodukt.

Essigsäurebutylester wird ebenfalls als Lacklösemittel eingesetzt. Man findet diese Verbindung in zahlreichen Früchten und in Apfelaromen.

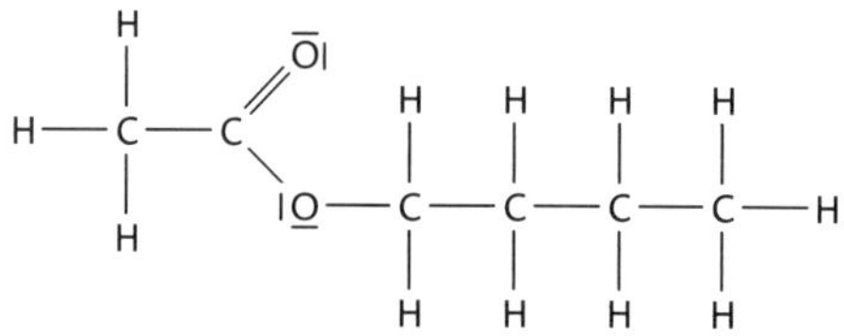

Essigsäurebutylester

Viele Ester sind als **Duft- und Aromastoffe** anzutreffen. So riechen die Essigsäurepentylester (früher Amylacetate genannt) mit isomeren Pentanolen als Alkoholanteil birnen- oder bananenartig. Die aromabestimmenden Bestandteile von Birnen sind dagegen komplizierter aufgebaute Ester, z. B. der **Decadiensäuremethylester.**

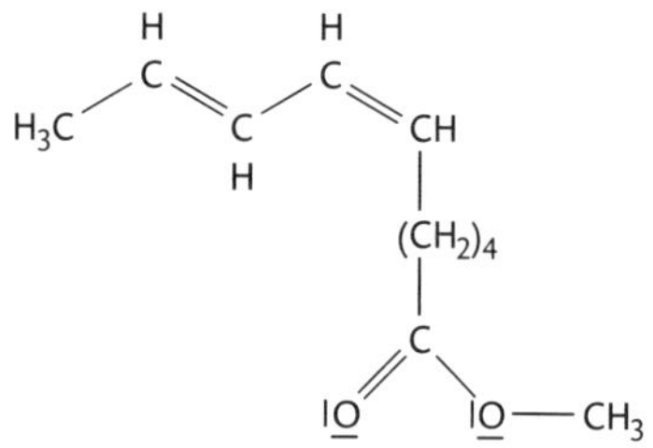

Decadiensäuremethylester

Chemische Verbindung	alternative Bezeichnung	Geruch erinnert an ...
Propansäureethylester	Ethylpropanoat	Rum
Propansäurepentylester	Pentylpropanoat	Apfel
Butansäureethylester	Ethylbutanoat	Ananas
2-Methylpropansäuremethylester		Aprikose
2-Methylpropansäurepropylester		Erdbeere
2-Methylpropansäureoctylester		Pastinak

Tab. 19: Weitere Duft- und Aromastoffe.

Wachse sind oder enthalten in der Regel Ester längerkettiger Carbonsäuren mit längerkettigen Alkoholen. Man teilt sie in natürliche, chemisch veränderte und synthetische Wachse ein. Zur ersten Gruppe gehören pflanzliche Wachse, wie beispielsweise das **Jojobawachs**, das man in den Samen des Jojobastrauches findet und in Haar- und Hautpflegemitteln eingesetzt wird. Es besteht aus Estern der Eicosensäure $C_{19}H_{37}$–COOH mit C_{11}- und C_{12}-Alkanolen.
Ein bekannter Vertreter der tierischen Wachse ist **Bienenwachs**, welches unter anderem den Ester der Palmitinsäure CH_3–$(CH_2)_{14}$–COOH mit 1-Triacontanol CH_3–$(CH_2)_{28}$–CH_2OH enthält.
Eine wichtige Bedeutung haben Ester auch als **Konservierungsstoffe**. Bekannt sind die so genannten PHB-Ester. Sie sind Methyl-, Ethyl-, Propyl- oder Butylester der **4-Hydroxybenzoesäure**, wie etwa E 218. Sie wirken in freier Form oder als Natriumsalze gegen Pilze und Bakterien durch Schädigung von Membranen oder Eiweißdenaturierung.

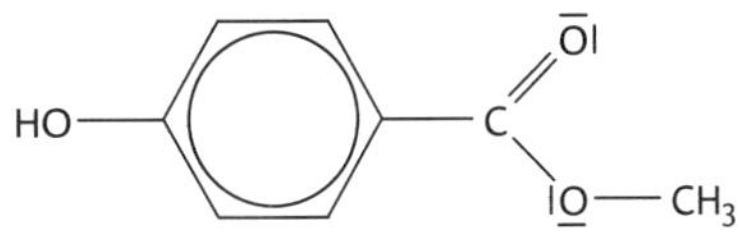

E 218
4-Hydroxybenzoesäuremethylester

Polyester findet man unter den Kunststoffen. Sie besitzen den schematischen Aufbau

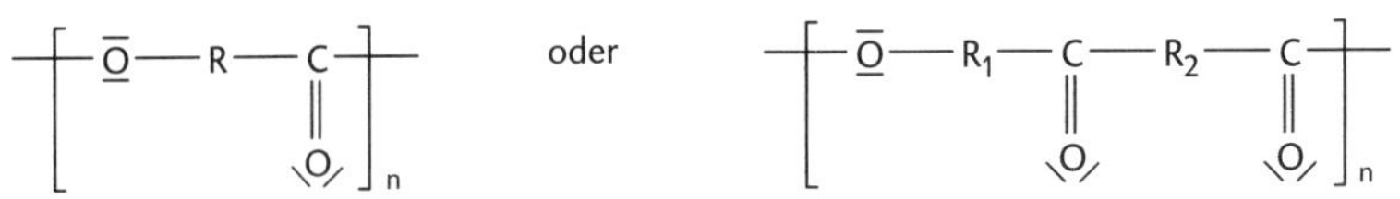

Als **schmerz- und fiebersenkendes** Mittel wird Acetylsalicylsäure (2-Acetoxybenzoesäure, Handelsname: Aspirin®) eingesetzt. Als Säurekomponente fungiert hier Essigsäure, Salicylsäure als Alkoholkomponente. Die pharmazeutische Herstellung erfolgt aus Salicylsäure und Essigsäureanhydrid.
Lactone sind **cyclische Ester**, („innere Ester") der Hydroxycarbonsäuren. Sie entstehen durch intramolekulare Kondensation, also Wasserabspaltung aus Hydroxycarbonsäuren.

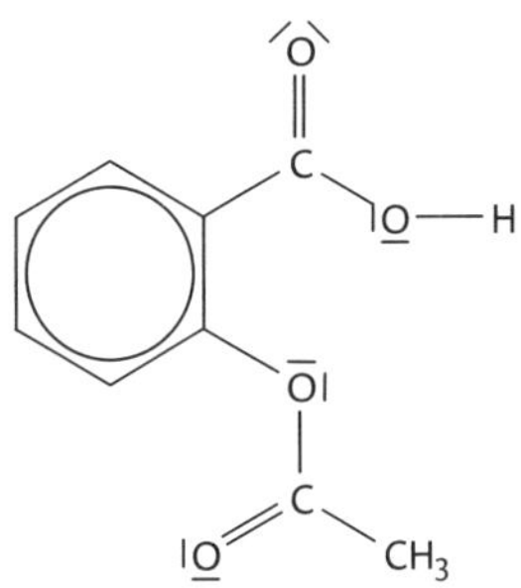

Aspirin®
2-Acetoxybenzoesäure

Beispiel

4-Hydroxypentansäure (γ-Hydroxyvaleriansäure) geht beim Erhitzen unter Wasserabspaltung in **γ**-Valerolacton über. **γ-Lactone** besitzen besonders stabile **Fünfring**-Moleküle:

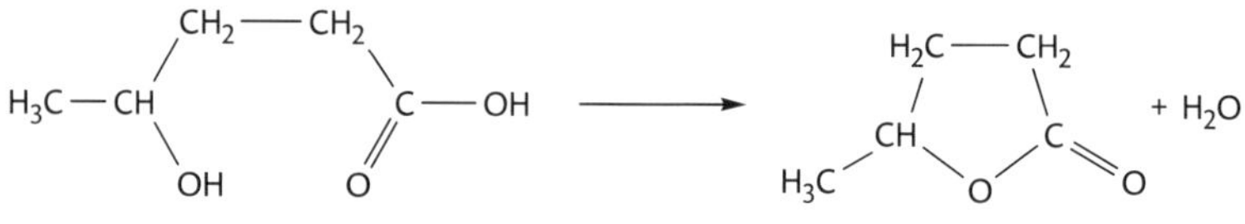

Das gängigste Lacton ist die **Ascorbinsäure**, besser als **Vitamin C** bekannt. Ascorbinsäure bildet wasserlösliche farblose Kristalle. In Lösung ist der Stoff sehr lichtempfindlich. Ascorbinsäure kommt in vielen Früchten und Gemüsesorten vor, z. B. in Citrusfrüchten , Hagebutten, Erdbeeren, Spinat, aber auch in Leber. Obwohl Ascorbinsäure deutlich sauer reagiert, besitzt sie keine Carboxylgruppe und gehört nicht zu den Carbonsäuren. Chemisch gesehen ist sie ein **Lacton**. Sie kann aber auch als **Endiol** gesehen werden, denn das Molekül trägt **zwei** (*-di-*) **„Alkoholgruppen"** (*-ol*) an **einer Doppelbindung** (*En-*). Die für Endiole typische Atomgruppierung ist zugleich **Träger der sauren Eigenschaften** der Ascorbinsäure, denn die über die Doppelbindung verknüpften Hydroxylgruppen können Protonen abgeben:

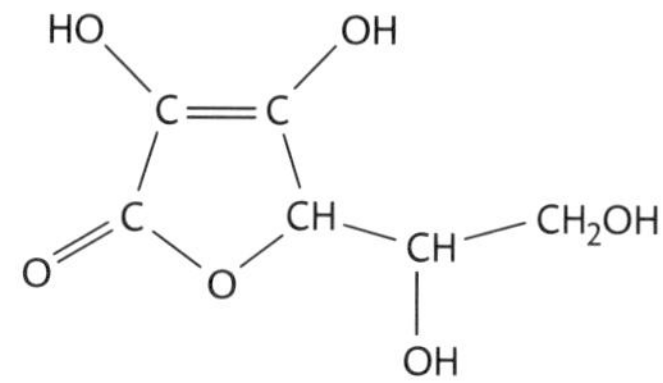

Ascorbinsäure

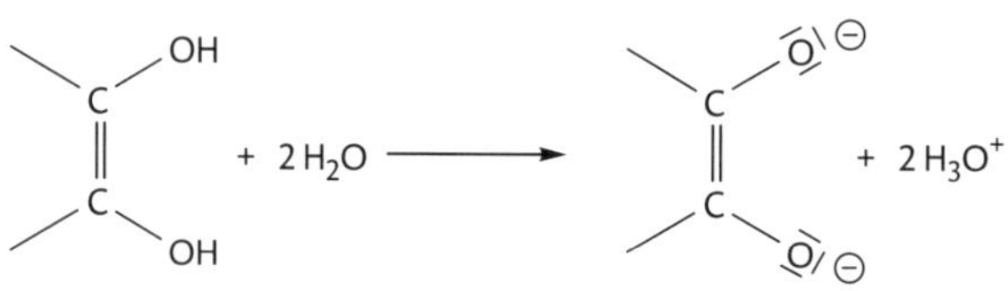

Zusammenfassung

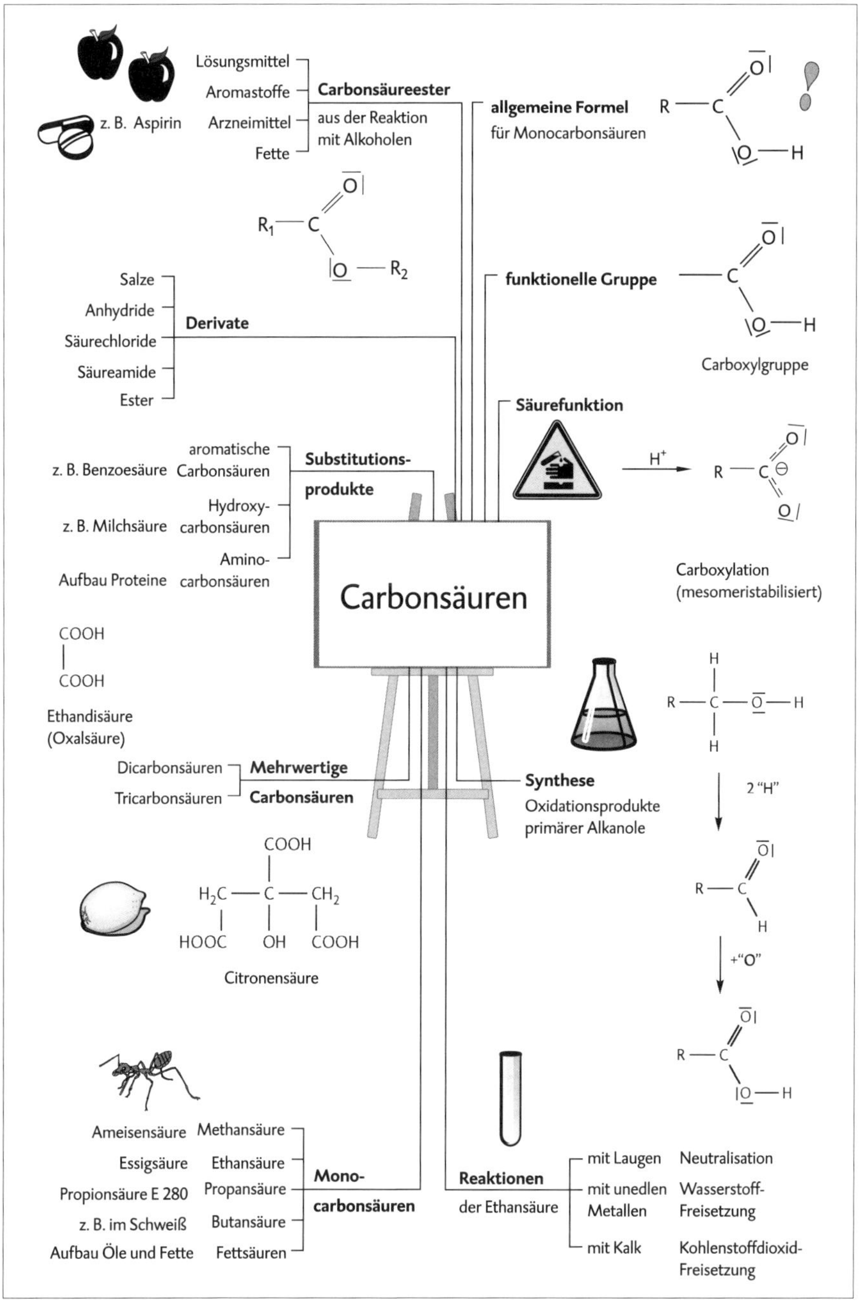

1. Carbonsäuren können als **Oxidationsprodukte** der Alkanole (1. Oxidationsschritt) und der Alkanale (2. Oxidationsschritt) charakterisiert werden. Die funktionelle Gruppe dieser wichtigen organischen Stoffklasse ist die **Carboxylgruppe –COOH**.
   Neben der IUPAC-Nomenklatur sind für viele Carbonsäuren Trivialnamen gebräuchlich. So ist z. B. die Ethansäure CH_3–COOH besser bekannt unter der Bezeichnung Essigsäure, die Bezug auf ihr Vorkommen nimmt.

2. **Monocarbonsäuren** besitzen eine Carboxylgruppe; es gibt gesättigte (Alk**an**säuren) und ungesättigte (Alk**en**säuren) Vertreter dieser Stoffklasse. Die einfachste Alkansäure, die Methansäure, nimmt eine Sonderstellung ein, da sie als Säure oder als Alkanal reagieren kann. Ethansäure (Essigsäure) kann biotechnisch durch das Bakterium Acetobacter oder mit Oxidationsmitteln aus Ethanol hergestellt werden. Die nächsten Glieder der homologen Reihe der Alkansäuren riechen z. T. sehr unangenehm, die langkettigen Vertreter sind wachsartige Feststoffe.
   Langkettige Alkensäuren spielen als **essenzielle Fettsäuren** eine besondere Rolle für die Ernährung des Menschen.

3. Als Ursache für die Acidität von Carboxylverbindungen kann der elektronenziehende **–I-Effekt**, den das Carbonyl-Sauerstoffatom auf die Hydroxylgruppe ausübt, aber auch die **Mesomeriestabilsierung** des entstehenden Carboxylat-Ions angeführt werden. Die Säurestärke von substituierten Carbonsäuren kann durch die Wirkung elektronenziehender Gruppen erheblich gesteigert sein.

4. Aufgrund der Ausbildung von Wasserstoffbrückenbindungen besitzen Carbonsäuren recht **hohe** Siede- bzw. Schmelzpunkte. Essigsäuremoleküle können unter Ausbildung von Wasserstoffbrückenbindungen dimerisieren. Die polare Carboxylgruppe bestimmt das hydrophile Lösungsverhalten kurzkettiger Carbonsäuren; bei langkettigen Carbonsäuren hingegen dominiert der hydrophobe Alkylrest der Moleküle.

5. In ihren **Reaktionen** zeigt Essigsäure als organische Säure manche Ähnlichkeiten mit mineralischen Säuren wie z. B. verdünnter Salzsäure:
   - sie färbt Universalindikator rot,
   - sie kann durch Laugen neutralisiert werden,
   - sie setzt bei Reaktion mit unedlen Metallen Wasserstoff frei und
   - sie setzt bei Reaktion mit Kalk (Calciumcarbonat) Kohlenstoffdioxid frei.

6. **Dicarbonsäuren** besitzen zwei Carboxylgruppen. Sie können als Oxidationsprodukte von zweiwertigen primären Alkoholen dargestellt werden – Ethandisäure z. B. durch Oxidation von Ethandiol – sind aber auch in der Natur, etwa in Früchten, weit verbreitet. Da zwischen den Molekülen zahlreiche Wasserstoffbrückenbindungen ausgebildet werden können, liegen die Substanzen als Feststoffe vor. In ihrem chemischen Verhalten ähneln sie den Monocarbonsäuren, weisen aber **zwei Protolysestufen** auf.

7. Durch Veränderungen am **Alkylrest** der Carbonsäuren gelangt man zu ihren **Substitutions**produkten:
   Bei **aromatischen** Carbonsäuren wie der Benzoesäure findet sich ein Phenylring („Benzolring") im Molekül. Unter dem Einfluss elektronenziehender oder schiebender Substituenten am Ring kann die Acidität der COOH-Gruppe dieser Carbonsäuren erheblich variieren. Eine erhöhte Acidität besitzen **Halogen**carbonsäuren, da Halogenatomen einen starken –I-Effekt ausüben. **Hydroxy**carbonsäuren wie die Milchsäure (2-Hydroxypropansäure) und die Citronensäure weisen neben Carboxyl- auch Hydroxylgruppen im Molekül auf.

8. **Aminosäuren** (genauer: **α-L-Aminocarbonsäuren**) sind die Bausteine der Eiweißstoffe. Acht der zwanzig am Aufbau der Proteine beteiligten Aminosäuren sind **essenziell**. Die Verknüpfung der Aminosäuren zu Peptidketten erfolgt als Polykondensation unter Wasserabspaltung aus den miteinander reagierenden funktionellen Gruppen.

9. Durch Veränderungen der Carboxylgruppe der Carbonsäuren gelangen wir zu ihren **Derivaten**:
   Bei der Neutralisation von Carbonsäuren oder bei ihrer Reaktion mit unedlen Metallen entstehen **Salze**. Die Natrium- und Kaliumsalze langkettiger Fettsäuren sind als **Seifen** bekannt. Carbonsäure**anhydride** entstehen durch Wasserabspaltung aus den entsprechenden Carbonsäuren, Carbonsäure**chloride** R–COCl hydrolysieren bei Anwesenheit von Feuchtigkeit unter Rückbildung der entsprechenden Carbonsäuren. Carbonsäure**amide** $R{-}CONH_2$ lassen sich aus Carbonsäurechloriden und Ammoniak synthetisieren.

10. Carbonsäure**ester** sind die Produkte der Reaktion von Carbonsäuren und Alkanolen. Die Stoffe, die sich durch die allgemeine Formel $R_1{-}COO{-}R_2$ beschreiben lassen, begegnen uns in vielfältigen Funktionen:
    - als Lösungsmittel,
    - als Duft- und Aromastoffe,
    - als Wachse,
    - als Konservierungsstoffe und
    - Arzneimittel und Kunststoffe.

11. **Fette** sind Ester aus dem dreiwertigen Alkohol Glycerin und langkettigen Fettsäuren.

Stichwortverzeichnis

Notizen

Notizen

Notizen

Notizen

Ihre Meinung ist uns wichtig!

Ihre Anregungen sind uns immer willkommen. Bitte informieren Sie uns mit diesem Schein über Ihre Verbesserungsvorschläge!

Titel-Nr.	Seite	Vorschlag

Bitte hier abtrennen

Die echten Hilfen zum Lernen ... **STARK**

Zutreffendes bitte ankreuzen!

Die Absenderin/der Absender ist:

- ☐ Lehrer/in in den Klassenstufen: ______
- ☐ Fachbetreuer/in
  Fächer: ______
- ☐ Seminarlehrer/in
  Fächer: ______
- ☐ Regierungsfachberater/in
  Fächer: ______
- ☐ Oberstufenbetreuer/in
- ☐ Schulleiter/in
- ☐ Referendar/in, Termin 2. Staatsexamen: ______
- ☐ Leiter/in Lehrerbibliothek
- ☐ Leiter/in Schülerbibliothek
- ☐ Sekretariat
- ☐ Eltern
- ☐ Schüler/in, Klasse: ______
- ☐ Sonstiges: ______

Unterrichtsfächer: (Bei Lehrkräften!)

______

STARK Verlag
Postfach 1852
85318 Freising

18-V1T
Bitte ausfüllen und im frankierten Umschlag an uns einsenden. Für Fensterkuverts geeignet.

Kennen Sie Ihre Kundennummer?
Bitte hier eintragen. ☐☐☐☐☐☐☐

Absender (Bitte in Druckbuchstaben!)

Name/Vorname ______

Straße/Nr. ______

PLZ/Ort/Ortsteil ______

Telefon privat ______ Geburtsjahr ______

E-Mail ______

Schule/Schulstempel (Bitte immer angeben!)

Bitte hier abtrennen